分析基础

FENXI JICHU

主　编　许安见　刘兴达　吕贵臣　何其祥

重庆大学出版社

内容提要

本书是数学分析课程Ⅰ、Ⅱ、Ⅲ中的第三学期课程“数学分析Ⅲ”对应的教材，主要包括实数基本理论，实数的稠密性、完备性等，极限的语言、语言定义，以及极限的严格定义在证明极限性质中的应用，实数中闭区间定理、有限覆盖定理、单调有界定理、致密性定理、柯西收敛定理之间的关系，闭区间上连续函数的性质及其证明，函数的可积性理论、定积分理论与性质的证明，函数项级数的一致收敛性的定义、性质与应用等。本书可作为高等学校本科数学专业学习数学分析课程的教材，也可供学完高等数学的非数学类专业转数学类专业的学生使用。

图书在版编目(CIP)数据

分析基础 / 许安见等主编. -- 重庆 ：重庆大学出版社，2024.4

ISBN 978-7-5689-4437-3

Ⅰ. ①分… Ⅱ. ①许… Ⅲ. ①数学分析 Ⅳ. ①O17

中国国家版本馆 CIP 数据核字(2024)第 075411 号

分析基础

主　编　许安见　刘兴达
　　　　吕贵臣　何其祥

策划编辑：杨粮菊

责任编辑：杨育彪　　版式设计：杨粮菊

责任校对：关德强　　责任印制：张　策

*

重庆大学出版社出版发行

出版人：陈晓阳

社址：重庆市沙坪坝区大学城西路 21 号

邮编：401331

电话：(023)88617190　88617185(中小学)

传真：(023)88617186　88617166

网址：http://www.cqup.com.cn

邮箱：fxk@cqup.com.cn (营销中心)

全国新华书店经销

重庆亘鑫印务有限公司印刷

*

开本：787mm×1092mm　1/16　印张：8.25　字数：209 千

2024 年 4 月第 1 版　　2024 年 4 月第 1 次印刷

ISBN 978-7-5689-4437-3　定价：35.00 元

前言

数学分析是现代数学中最古老、最基本的分支，是数学类专业的核心课程之一。数学分析主要研究实数、函数和极限的基本理论，微积分学和无穷级数的一般理论等，是常微分方程、概率论、实变函数、复变函数、数值分析、偏微分方程、微分几何等后续课程学习的基础。

随着时代的发展，人才培养模式加速变革，高等教育本着“以学生为中心”的理念不断进行改革，本科生转专业政策的逐年放宽，我校每年在大一下期有 20 余位同学从非数学类转入数学类专业。首先，目前大多数数学分析教材都将高等数学中不涉及的实数、函数和极限等基本理论安排在前几章，学生进校就开始学习相关内容，导致转专业的学生无法衔接上这些学习内容。其次，由于数学分析的理论性强和高度抽象，应用型本科院校和工程类本科院校数学类相关专业的本科生在进校开始时就接触实数、极限等基本理论，其在学习极限思想、严格化证明时往往比较困难。最后，由于改革需要，数学分析学时从开设 4 个学期共 320 学时，调整为开设 3 个学期共 240 学时。目前，我校仍开设 3 个学期，但学时减少至 208 学时。基于上述三点，本书在编写过程中结合现代数学的发展，以及作者多年从事数学分析课程教学和精品课程建设的经验，并考虑了教学时数相对较少的现实情况，充分听取了广大师生对该课程的意见，对教学内容安排进行重新定位和设计。

本书的主要特色是考虑到学生学习从易到难的需求，同时满足转专业的需要。学生第一、二学期学习大量极限、微积分计算，第三学期学习理论性强和高度抽象的实数基本理论、极限的严格化、一致连续、可积性条件、广义积分、含参积分、级数一致收敛理论等。

本书在内容的组织上力求提供培养学生抽象思维、缜密概括和严密的逻辑推理能力的同时，注重训练学生的分析基础，以增强学生使用离散数学知识分析问题和解决问题的能力，为今后进一步学习打下坚实基础。

本书由许安见编写第 1 章、第 2 章、第 3 章，何其祥编写第4章，刘兴达编写第 5 章，吕贵臣编写第 6 章，最后由许安见完成统稿。我校理学院研究生李克成和谢佳帮助文稿录入，作者在此深表谢意。

我们在编写过程中参阅了许多国内外分析类教材，在此对这些作者表示感谢。本书在编写过程中，得到了重庆大学出版社领导和编辑的大力支持，在此表示深深的谢意。

由于我们的水平和经验有限，书中错误及不妥之处在所难免，恳请读者批评指正。

编　者

2024 年 1 月于重庆理工大学

目录

第 1 章 实数理论

1.1 集合

定义 1.1 具有特定性质的个体的全体称为集合. 集合中的个体称为元素.

集合通常用大写字母 $A,B,C,\cdots$ 表示,元素通常用小写字母 $a,b,c,\cdots$ 表示. 用 $a\in A$ 表示 a 为 A 中的元素, 称为 a 属于 A. 为方便起见,用 $\varnothing$ 表示不包含任何元素的集合,称为空集.

通常集合的有下面表示方法:

(1)列表法: 在花括号中列出集合中的所有对象,如 $\{1,2,3\}$.

(2)描述法:如 $\{x \mid x\in \mathbb{R}, x^2\leqslant 2\}$.

若两个集合 A,B 包含的元素是相同的,则称两个集合是相等的,记为 $A=B$. 若集合 A 中的每个元素都是集合 B 中的元素,称集合 A 为集合 B 的子集,记为 $A\subseteq B$;若进一步还有 B 中元素不属于 A,则称 A 真包含于 B,记为 $A\subset B$. 空集 $\varnothing$ 是任何集合的子集. 包含一切事情的全体称为全集. 对集合 A,集合的元素个数用 $|A|$ 表示,若 $|A|$ 是有限的,则称 A 为有限集; 若 $|A|$ 是无限的, 则称 A 为无限集.

常见的集合表示符号如下:

实数集($\mathbb{R}$),自然数集($\mathbb{N}$),整数集($\mathbb{Z}$),有理数集($\mathbb{Q}$).

定义 1.2 集合 A,B 的并定义为由属于 A 或 B 中的全体元素组成的集合,记为 $A\cup B$.

定义 1.3 集合 A,B 的交定义为既属于 A 又属于 B 中的元素组成的集合,记为 $A\cap B$.

定义 1.4 集合 A,B 的差定义为既属于 A 但不属于 B 中的元素组成的集合,记为 $A-B$. 全集 S 与子集 A 的差称为 A 的补集,记为 A^c.

可容易证明集合的运算有如下一些规律.

命题 1.1 集合的交、并运算满足交换律与结合律, 即

(1) $A\cup B=B\cup A, A\cap B=B\cap A$.

(2) $(A\cup B)\cup C=A\cup(B\cup C), (A\cap B)\cap C=A\cap(B\cap C)$.

命题 1.2 集合的交运算对并运算满足分配律, 并运算对交运算满足分配律,即

(1) $A\cup(B\cap C)=(A\cup B)\cap(A\cup C)$.

(2)$A\cap(B\cup C)=(A\cap B)\cup(A\cap C)$.

证明:

(1)显然有$(B\cap C)\subset B$与$(B\cap C)\subset C$,从而有$(A\cup(B\cap C))\subset(A\cup B)$与$(A\cup(B\cap C))\subset(A\cup C)$, 故

$$(A\cup(B\cap C))\subset((A\cup B)\cap(A\cup C)).$$

反过来, 对任意的$x\in((A\cup B)\cap(A\cup C))$, 从而$x\in(A\cup B)$且$x\in(A\cup C)$. 故$x\in A$或$x\in B$且$x\in A$或$x\in C$,从而若$x\notin A$,则$x\in B$且$x\in C$. 故

$$x\in A\cup(B\cap C)$$

即有

$$((A\cup B)\cap(A\cup C))\subset(A\cup(B\cap C))$$

得证.

(2)的证明类似.

命题 1.3 (德·摩根定律)

(1)$(A\cap B)^c=A^c\cup B^c$.

(2)$(A\cup B)^c=A^c\cap B^c$.

证明:

(1)显然有$(A\cap B)\subset A$与$(A\cap B)\subset B$,从而$(A\cap B)^c\supset A^c$与$(A\cap B)^c\supset B^c$. 故有

$$(A\cap B)^c\supset(A^c\cup B^c).$$

反之, 对任意的$x\in(A\cap B)^c$,即$x\notin(A\cap B)$. 所以$x\notin A$且$x\notin B$,也即$x\in A^c$或$x\in B^c$, 从而

$$x\in A^c\cup B^c$$

由x的任意性得

$$(A\cap B)^c\subset(A^c\cup B^c)$$

故

$$(A\cap B)^c=A^c\cup B^c$$

得证.

(2)的证明类似.

命题 1.4 设A,B为有限集,则

$$|A\cup B|=|A|+|B|-|A\cap B|.$$

证明:令$C=A\cap B$,则有$A=(A-C)\cup C$且$(A-C)\cap C=\varnothing$,以及$B=(B-C)\cup C$且$(B-C)\cup C=\varnothing$,$A\cup B=(A-C)\cup C(B-C)$且两两不交. 故有

$$|A\cup B|=|A-C|+|C|+|B-C|=|A|-|C|+|C|+|B|-|C|=|A|+|B|-|A\cap B|.$$

得证.

命题 1.5 设n为一正整数,$A_1,\cdots,A_n$均为有限集, 则

$$|A_1\cup\cdots\cup A_n|=c_1-c_2+\cdots+(-1)^{n-1}c_n,$$

这里$c_i=\sum\limits_{1\leqslant k_1\leqslant\cdots\leqslant k_i\leqslant n}|A_{k_1}\cap\cdots\cap A_{k_i}|$.

证明:由命题 1.5 以及数学归纳法即可得到证明.

例 1.1 当$n=3$时,$c_1=|A_1|+|A_2|+|A_3|$,$c_2=|A_1\cap A_2|+|A_1\cap A_3|+|A_2\cap A_3|$,$c_3=|A_1\cap A_2\cap A_3|$.

定义 1.5　集合 A 与集合 B 的笛卡儿积定义为有序对 (a,b) 全体，其中 $a\in A,b\in B$，集合 A 与集合 B 的笛卡儿积记为 $A\times B$.

习题

1. 设 A,B 为集合，证明 $A\cup B=A$ 的充要条件是 $B\subseteq A$.
2. 证明对任何集合 A,B,C 有 $(A-C)\cap(B-C)=(A\cap B)-C$.
3. 证明 $A-(B\cup C)=(A-B)\cap(A-C)$，$(A\cup B)-C=(A-C)\cup(B-C)$.
4. 判断下列说法的正误，错的请举出反例，正确的请证明.
(1) 对任何集合 A,B,C 有 $(A-B)-C=A-(B-C)$.
(2) 对任何集合 A,B,C 有 $(A-B)\cup(B-C)\cup(C-A)=A\cup B\cup C$.
5. 求不超过 120 的素数个数.

1.2　映射

定义 1.6　设 A,B 为两个集合，f 是对 A 中每个元素 a，存在唯一的 B 中元素 b 与 a 的对应法则，则 f 称为 A 到 B 的映射，记为 $f:A\to B$. 若 f 将 a 映到 b，则记为 $f(a)=b$ 或 $f:a'\to b$. $\{f(a)\mid a\in A\}$ 称为映射 f 的像. A 称为 f 的定义域.

注 1.1　两个映射 f,g 相等当且仅当它们的定义域相等，对应法则相同.

定义 1.7　设 $f:A\to B$ 为映射，则称

$$\{(a,b)\mid b=f(a),a\in A\}$$

为映射 f 的图像，记为 $\mathrm{Gr}(f)$，其为 $A\times B$ 的子集.

设 A 是一个集合，A 到 A 的映射

$$I_A:A\to A$$
$$a'\to a$$

称为 A 上的恒等映射.

定义 1.8　设 $f:A\to B$ 是映射.

(1) 称 f 是满的，若对每个 $b\in B$，存在 $a\in A$ 使得 $f(a)=b$.

(2) 称 f 是单的，若对 $a_1,a_2\in A$ 且 $a_1\neq a_2$，有 $f(a_1)\neq f(a_2)$.

(3) 称 f 是双射，若 f 既是单的也是满的.

定义 1.9　设 $f:A\to B$ 是双射，f 的逆映射定义为从 B 到 A 的映射，若 $f(a)=b$，则 f 的逆映射将 b 映到 a. f 的逆映射记为 f^{-1}.

定义 1.10　设 $f:A\to B,g:B\to C$ 是两个映射，f 与 g 的复合函数为 $g\circ f:A\to C$，其由 $(g\circ f)(a)=g(f(a))$ 定义.

根据定义可知有下面结论.

命题 1.6　设 $f:A\to B$ 是双射，则有

$$f^{-1}\circ f=I_A,f\circ f^{-1}=I_B.$$

注 1.2 $f^{-1}\circ f=I_A$，$f\circ f^{-1}=I_B$ 可作为函数逆的定义，即若对 $f:A\to B$，存在 $g:B\to A$ 使得 $g\circ f=I_A$，$f\circ g=I_B$，则 f 可逆，且其逆就是 g.

命题 1.7 设 $f:A\to B$，$g:B\to C$ 是两个映射，则

(1)若 f,g 都是单射，则 $g\circ f$ 也是.

(2)若 f,g 都是满射，则 $g\circ f$ 也是.

(3)若 f,g 都是双射，则 $g\circ f$ 也是.

证明：这里仅证明(1)，其余留着练习. 设若 f,g 都是单射，则对 $x_1,x_2\in A$，且 $x_1\neq x_2$，有 $f(x_1)\neq f(x_2)$，从而有 $g(f(x_1))\neq g(f(x_2))$，即 $g\circ f$ 是单射.

定义 1.11 若映射 $f:A\to B$ 中的 A,B 均是数集，则称 f 为函数.

因为数集中可以进行四则运算，所以可定义函数的四则运算. 自然地考虑函数的单调性、奇偶性、周期性、有界性等在四则运算、复合运算下的性质等.

习题

1. 若 $f:A\to B$，$g:B\to A$ 为两个映射.

(1)若 $f\circ g=I_B$，证明 f 是满射.

(2)若 $g\circ f=I_A$，证明 f 是单射.

2. 设 X,Y,Z 为集合，$f:X\to Y$，$g:Y\to Z$ 为映射.

(1)若 $g\circ f$ 是满射，是否推出 f 是满射？给出证明或反例.

(2)若 $g\circ f$ 是满射，是否推出 g 是满射？给出证明或反例.

(3)若 $g\circ f$ 是单射，是否推出 f 是单射？给出证明或反例.

(4)若 $g\circ f$ 是单射，是否推出 g 是单射？给出证明或反例.

3. 下面哪些函数是单的，哪些是满的？

(1)$f:\mathbb{R}\to\mathbb{R}$，对任何 $x\in\mathbb{R}$，$f(x)=x^2+2x$.

(2)$f:\mathbb{R}\to\mathbb{R}$，对任何 $x\in\mathbb{R}$，

$$f(x)=\begin{cases}x-2, & \text{若 } x>1\\ -x, & \text{若 } -1\leqslant x\leqslant 1.\\ x+2, & \text{若 } x<-1\end{cases}$$

4. 设 $f,g:\mathbb{R}\to\mathbb{R}$ 分别为：

$$f(x)=\begin{cases}2x, & \text{若 } 0\leqslant x\leqslant 1\\ 1, & \text{否则}\end{cases},g(x)=\begin{cases}x^2, & \text{若 } 0\leqslant x\leqslant 1\\ 0, & \text{否则}\end{cases}.$$

试求 $f\circ g$ 与 $g\circ f$ 的表达式.

5. 双曲正弦函数 $\sinh x=\dfrac{\mathrm{e}^x-\mathrm{e}^{-x}}{2}$ 是否可逆？若可逆，请求出其逆函数并进一步考虑逆函数的奇偶性.

6. Dirichlet 函数 $D(x)=\begin{cases}0, & \text{若 } x\in\mathbb{Q}\\ 1, & \text{否则}\end{cases}$ 是否为周期函数？若为周期函数，它的周期是多少？有没有最小正周期？

7. 证明在对称区间上定义的任何函数均可表示成一个奇函数和一个偶函数的和.

8. 找出函数 $y=\frac{ax-b}{cx-d}$ 的反函数为其自身的条件.

9. 设 $f,g:\mathbb{R}\to\mathbb{R}$ 为两个函数,证明

$$\max\{f,g\}=\frac{1}{2}\{f(x)+g(x)+|f(x)-g(x)|\},$$

$$\min\{f,g\}=\frac{1}{2}\{f(x)+g(x)-|f(x)-g(x)|\},$$

进一步地,任何函数可表示成两个非负函数的差.

1.3　实数

给定一条直线,直线上取一点记为 0,选取一个单位长度,并用该单位长度在直线上等距地标注整数. 实数可视为直线上的点,该直线称为实直线. 用 $\mathbb{R}$ 记实数集. 实数有一个自然的序, 称实数 x 小于实数 y,若实数 x 位于实数 y 的左边,记为 $x<y$, 或等价地记为 $y>x$. 用 $x\leqslant y$ 表示 x 小于或等于 y. 若实数 $x>0$ 称为正的,若 $x<0$ 称为负的.

分数 $\frac{n}{m}$ 可用划分的方式标注在直线上,分数也成为有理数. 用不同的方式可表示同一个有理数,如 $\frac{1}{2}=\frac{2}{4}$ 等.

命题 1.8　任何两个有理数之间都存在另一个有理数.

证明:设 r,s 为两个不同的有理数,且 $r>s$,则 $\frac{1}{2}(r+s)$ 就为 r 与 s 之间的有理数.

注 1.3　与整数不同的是,没有最小的正有理数,因为对任何正有理数 x,都有比它更小的有理数 $\frac{1}{2}x$. 有理数在实直线上是稠密的. 那么问题是:实直线上每一点是否都是有理数?

命题 1.9　存在实数 α, 满足 $\alpha^2=2$,记该 α 为 $\sqrt{2}$.

证明: 由勾股定理知道,长度为 1 的正方形的对角线长度就是 α.

命题 1.10　$\sqrt{2}$ 是无理数.

证明:反证法. 假设 $\sqrt{2}$ 是有理数. 从而存在互素的正整数 p,q 使得

$$\sqrt{2}=\frac{q}{p}.$$

从而有

$$2p^2=q^2.$$

故 2 整除 q^2,进而 2 整除 q,由整数分解知,存在正整数 q_1 使得 $q=2q_1$,所以有

$$p^2=2q_1^2.$$

同理 2 整除 p,这与 p,q 互素矛盾. 得证.

定义 1.12　不是有理数的实数称为无理数.

根据有理数的表示, 易知有理数在四则运算下封闭. 进一步地, 通过反证法可知下面命

题成立.

命题 1.11　设 a 为有理数, b 为无理数, 则有

(1) $a+b$ 是无理数.

(2) 若 $a\neq 0$, ab 是无理数.

命题 1.12　设 x 为一实数,

(1) 若 $x\neq 1$, 则 $x+x^2+\cdots+x^n=\frac{x-x^{n+1}}{1-x}$.

(2) 若 $-1<x<1$, 则 $x+x^2+x^3+\cdots=\frac{x}{1-x}$.

证明:

(1) 令 $s=x+x^2+\cdots+x^n$, 则 $xs=x^2+x^3+\cdots+x^n+x^{n+1}$, 两式相减有

$$xs-s=x^{n+1}-x$$

也即

$$x+x^2+\cdots+x^n=s=\frac{x-x^{n+1}}{1-x}.$$

(2) 可类似证明.

定义 1.13　设 a_0 为一个整数, 对 $i\geqslant 1$, a_i 为 0 到 9 之间的整数, 称 $a_0.a_1a_2\cdots a_n\cdots$ 为小数, 其表示级数

$$a_0+\frac{a_1}{10}+\frac{a_2}{10^2}+\cdots+\frac{a_n}{10^n}+\cdots$$

所对应的实数.

根据实数的定义可知下面命题成立.

命题 1.13　每个实数都可表示成为小数.

我们知道 $0.\dot{9}=1$, 一般地, 我们有如下命题成立.

命题 1.14　设 $a_0.a_1a_2\cdots a_n\cdots$ 与 $b_0.b_1b_2\cdots b_n\cdots$ 为同一个实数的两个表示, 则两个表示中一个以 9999…结尾, 另一个以 0000…结尾.

命题 1.15　每个有理数的小数表示都是循环的, 每个循环小数都是有理数.

证明: 由有理的分数表示以及整数除法的余数范围可知前半部分成立, 命题的后半部分由命题 1.12(2) 可知.

1.3.1　n 次根与有理次幂

通过闭区间上连续函数的性质可得到下面命题.

命题 1.16　设 n 是一个正整数. 若 x 是一个正实数, 则存在唯一的正实数 y 使得 $y^n=x$.

若 x 是一个正实数, x 整数 (m) 次幂定义为: 若 $m>0$, $x^m=x\cdot x\cdot\cdots\cdot x$, m 个 x 的乘积; $x^{-m}=\frac{1}{x^m}$; 对 $m=0$, $x^0=1$. 对有理数 $\frac{m}{n}$, $(m,n\in\mathbb{Z}, n\geqslant 1)$, 则定义

$$x^{\frac{m}{n}}=\left(x^{\frac{1}{n}}\right)^m.$$

对有理次幂, 有下面的运算规律.

命题 1.17　若 x,y 是两个正实数,p,q 是两个有理数. 则

(1) $x^p x^q = x^{p+q}$.

(2) $(x^p)^q = x^{pq}$.

(3) $(xy)^p = x^p y^p$.

那么,无理次幂怎么定义呢?

1.3.2　上、下确界

定义 1.14　设 S 为实数集$\mathbb{R}$的非空子集,实数 u 称为 S 的上界, 若对任意的 $x \in S$ 有

$$x \leqslant u.$$

类似地, 实数 l 称为 S 的下界, 若对任意的 $x \in S$ 有

$$x \geqslant l.$$

定义 1.15　设 S 为实数集$\mathbb{R}$的非空子集,实数 β 称为 S 的上确界(记为 $\sup S$),若

(1) β 是 S 的上界,

(2) β' 是 S 的另一个上界, 则 $\beta' \geqslant \beta$.

类似地, 实数 α 称为 S 的下确界(记为 $\inf S$),若

(1) α 是 S 的下界,

(2) α' 是 S 的另一个下界, 则 $\alpha' \leqslant \alpha$.

完备公理:设 S 为实数集$\mathbb{R}$的非空子集.

(1)若 S 有上界, 则 S 有上确界.

(2)若 S 有下界, 则 S 有下确界.

性质 1.1　(Archimedean 性质)对正实数 a,b,存在正整数 n,使得

$$na > b.$$

证明:反证法. 假设 Archimedean 性质不成立. 则存在正实数 a,b,对任意正整数 n,均有

$$na \leqslant b.$$

因此实数集 $\{na \mid n \in \mathbb{Z}_+\}$ 有上界 b, 由确界原理知 $\{na \mid n \in \mathbb{Z}_+\}$ 有上确界, 设为 c. 因 $a>0$, 所以 $c<c+a$,也即 $c-a<c$. 因 c 是 $\{na \mid n \in \mathbb{Z}_+\}$ 的上确界,$c-a$ 不是 $\{na \mid n \in \mathbb{Z}_+\}$ 的上界, 故存在正整数 m 使得

$$c-a<ma.$$

这表明

$$c<(m+1)a.$$

但是 $(m+1)a \in \{na \mid n \in \mathbb{Z}_+\}$,所以 c 不是 $\{na \mid n \in \mathbb{Z}_+\}$ 的上界,矛盾.

命题 1.18　任何两个不相等的实数之间都存在有理数.

证明:不妨设实数 a,b 满足 $a<b$. 因为 $b-a>0$,根据 Archimedean 性质知, 存在正整数 n 使得

$$n(b-a)>1,$$

也即

$$bn-an>1.$$

同样由 Archimedean 性质知, 存在正整数 m 使得

$$m>\max\{|an|,|bn|\}.$$

因此

$$-k<an<bn<k.$$

则集合 $K=\{j\in\mathbb{Z}\mid -k\leqslant j\leqslant k\}$ 与 $\{j\in K\mid an<j\}$ 都是有限非空集. 令 $m=\min\{j\in K\mid an<j\}$. 则 $-k<an<m$. 因 $m>-k$,我们有 $m-1\in K$,因此根据 m 的选择知不等式 $an<m-1$ 不成立. 故 $an\geqslant m-1$. 从而我们有

$$an<m<an+1<bn,$$

也即

$$a<\frac{m}{n}<b,$$

此表明$\frac{m}{n}$为实数 a,b 之间的有理数.

1.3.3 $\mathbb{R}^n$ 中子集

用$\mathbb{R}^2$ 表示$\mathbb{R}$ 与其自身的笛卡儿积. $\mathbb{R}^n(n\geqslant 2)$表示$\mathbb{R}^{n-1}$ 与$\mathbb{R}$ 的笛卡儿积.

定义 1.16 $\mathbb{R}^n$ 中的两点 $x=(x_1,\cdots,x_n)$与 $y=(y_1,\cdots,y_n)$的欧式距离 $d(x,y)$定义为

$$d(x,y)=\sqrt{\sum_{i=1}^{n}(x_i-y_i)^2}.$$

$n=1$ 时,$d(x,y)=|x-y|$.

定义 1.17 设 $a=(a_1,\cdots,a_n)$为$\mathbb{R}^n$ 中的点,δ 为一个正实数,则称集合$\{x\mid x\in\mathbb{R}^n,d(x,a)<\delta\}$为 a 的 δ-邻域,记为 $U(a,\delta)$. 称$\{x\mid x\in\mathbb{R}^n,d(x,a)<\delta\}\setminus\{a\}$为 a 的 δ-去心邻域, 记为 $\mathring{U}(a,\delta)$.

例 1.2 $n=1$ 时,a 的 δ-邻域为$(x-\delta,x+\delta)$,a 的 δ-去心邻域为$(x-\delta,x+\delta)\setminus\{a\}=(x-\delta,a)\cup(a,x+\delta)$. 称$(x-\delta,a)$为 a 的左邻域,$(a,x+\delta)$为 a 的右邻域.

定义 1.18 设 $\Omega\subseteq\mathbb{R}^n$,点 $a=(a_1,\cdots,a_n)$为$\mathbb{R}^n$ 中的点, 若存在实数 $\delta>0$ 使得 $U(a,\delta)\subseteq\Omega$,则称 a 为 Ω 的内点. Ω 的内点全体记为 $\mathring{\Omega}$, 称为 Ω 的内部. 若对任意的 $\delta>0$, 有 $U(a,\delta)\cap\Omega\neq\varnothing$及 $U(a,\delta)\cap\Omega^c\neq\varnothing$,则称 a 为 Ω 的边界点. Ω 的边界点全体记为$\partial\Omega$,称为 Ω 的边界. 称 a 为 Ω 的聚点,若对任意的 $\varepsilon>0$, 有 $\mathring{U}(a,\varepsilon)\cap\Omega\neq\varnothing$.

定义 1.19 设 $\Omega\subseteq\mathbb{R}^n$, 若 Ω 的每一点都是内点, 则称 Ω 为开集. 开集的补集称为闭集. Ω 称为有界的, 若存在 $R>0$ 使得 $\Omega\subset U(0,R)$. 包含 $a\in R$ 的任何开集 U 称为 a 的邻域.

注 1.4 根据开集的定义,可以证明有限个开集的交任意多个开集的并还是开集,但无穷多个开集的交可能是闭集. 而对于闭集,可以证明有限个闭集的并任意多个闭集的交还是闭集,但无穷多个闭集的并可能是开集.

闭集和边界可以通过点列的极限来刻画,由此比较容易得到下面命题.

命题 1.19 设 $\Omega\subseteq\mathbb{R}^n$, 则 $\Omega\cup\partial\Omega$ 为闭集.

定义 1.20 设 $\Omega\subseteq\mathbb{R}^n$, 称 $\Omega\cup\partial\Omega$ 为闭包, 记为 Ω.

注 1.5 集合 Ω 的闭包是包含 Ω 的最小闭集,或者说是包含 Ω 的所有闭集的交.

习题

1. 证明$\sqrt{3}$是无理数.

2. 证明不存在有理数 r,s 使得$\sqrt{3}=r+s\sqrt{2}$.

3. 证明若 n 为一个正整数,且不能表示成一个数的平方,则$\sqrt{n}$是无理数.

4. 判断下列说法的正误,错的请举出反例,正确的请证明.

(1)两个有理数的乘积一定是有理数.

(2)两个无理数的乘积一定是无理数.

(3)两个无理数的乘积一定是有理数.

(4)一个非零有理数和一个无理数的乘积一定是无理数.

5. 将 1.813 表示成分数$\frac{m}{n}$(这里的 m,n 为整数).

6. 证明$\sqrt{2}$的小数表示不是周期的.

7. 若集合 A_n 由下列式子分别给出,求$\cup_{n=1}^{\infty}A_n$ 与$\cap_{n=1}^{\infty}A_n$.

(1)$A_n=\{x\in\mathbb{R}\mid x>n\}$.

(2)$A_n=\{x\in\mathbb{R}\mid \frac{1}{n}<x<\sqrt{2}+\frac{1}{n}\}$.

(3)$A_n=\{x\in\mathbb{R}\mid -n<x<\frac{1}{n}\}$.

(4)$A_n=\{x\in\mathbb{R}\mid \sqrt{2}-\frac{1}{n}\leqslant x\leqslant\sqrt{2}+\frac{1}{n}\}$.

8. 求下面集合的上、下确界.

(1)$S=\{x\in\mathbb{R}\mid x^2<3\}$.

(2)$S=\{x\in\mathbb{R}\mid x\in(0,2)\cap\mathbb{Q}^c\}$.

(3)$S=\{x\in\mathbb{R}\mid x=1+\frac{1}{2^n},n\in\mathbb{N}\}$.

9. 设 S 为一个数集,证明 $\sup S\in S$ 的充要条件是 S 有最大值. 类似地,证明 $\inf S\in S$ 的充要条件是 S 有最小值.

10. 设 A,B 为数集, 证明

(1)$\sup\{A\cup B\}=\max\{\sup A,\sup B\}$.

(2)$\inf\{A\cup B\}=\min\{\inf A,\inf B\}$.

11. 画出下面集合并指出哪些是开集,哪些是闭集,哪些是有界集, 求出它们的聚点与边界.

(1)$[a,b)\times(c,d]$.

(2)$\{(x,y)\mid xy=0\}$.

(3)$\{(x,y)\mid y<x^2\}$.

(4)$\{(x,y)\mid 0<x<2,x+y<2\}$.

12. 证明任意个开集的并是开集;两个开集的交是开集. 无穷个开集的交是否为开集? 若是,请证明;若不是,请举例说明.

第2章 极限

2.1 数列的极限

定义 2.1 数列是无穷个按顺序排列的实数,如 $a_1,a_2,\cdots,a_n$. 数 a_n 称为数列的第 n 项. 通常用(a_n)记该数列.

注 2.1 注意数列与集合的区别.

定义 2.2 设 a 为实数,若对任意的正数 ε,存在正整数 N,使得对任意的 $n>N$,有

$$|a_n-a|<\varepsilon,$$

则称 a 为数列(a_n)的极限, 记为 $\lim\limits_{n\to\infty}a_n=a$ 或 $a_n\to a(n\to\infty)$. 这时也称数列(a_n)收敛, 否则称其发散.

注 2.2 数列 a_n 不收敛到 a 的充要条件是: 存在正数 ε_0,对任意的正整数 N,存在 $n>N$,使得

$$|a_n-a|\geqslant\varepsilon_0.$$

例 2.1 证明$\lim\limits_{n\to\infty}\dfrac{1}{n}=0$.

证明:对任意的 $\varepsilon>0$, 令 $N=\left[\dfrac{1}{\varepsilon}\right]$, 则当 $n>N$ 时有

$$\left|\frac{1}{n}-0\right|<\varepsilon.$$

例 2.2 证明$\{(-1)^n\}$是发散的.

证明: 我们证明任何给定的实数 a 都不是该数列的极限. 事实上, 对 a, 令 $\varepsilon_0=1$,对任意的正整数 N, 存在 $n>N$,使得

$$|a_n-a|\geqslant\varepsilon_0.$$

命题 2.1 (唯一性)若数列(a_n)的极限存在, 则极限唯一.

证明:利用反证法. 设$\lim\limits_{n\to\infty}a_n=A$,$\lim\limits_{n\to\infty}a_n=B$ 且 $A\neq B$. 不妨设 $A<B$. 对 $\varepsilon=\dfrac{B-A}{2}>0$,因 $\lim\limits_{n\to\infty}a_n=$

A,故存在 $N_1 \in N$, 当 $n>N_1$ 时有

$$|a_n-A|<\varepsilon$$

故有

$$a_n<A+\varepsilon=\frac{A+B}{2}.$$

同理, 因$\lim\limits_{n\to\infty} a_n=B$, 存在 $N_2 \in N$, 当 $n>N_2$时有

$$|a_n-B|<\varepsilon$$

故有

$$\frac{A+B}{2}=B-\varepsilon<a_n.$$

从而当 $n>\max\{N_1,N_2\}$时有

$$a_n<\frac{A+B}{2}<a_n,$$

矛盾. 得证.

定义 2.3　对于数列(a_n), 若存在实数 L,U 使得对任意的 $n\in N$ 有 $L\leqslant a_n\leqslant U$,则称数列$(a_n)$是有界的.

命题 2.2　(有界性)收敛的数列都是有界的.

证明:设$\lim\limits_{n\to\infty} a_n=A$, 由定义知, 对 $\varepsilon=1$, 存在 $N\in\mathbb{N}$, 当 $n>N$ 时有

$$|a_n-A|<1$$

故

$$|a_n|<|A|+1.$$

令 $M=\max\{|a_1|,|a_2|,\cdots,|a_N|,|A|+1\}$, 则对任意的 n, 有

$$|a_n|\leqslant M.$$

注 2.3　$\{(-1)^n\}$是发散的表明上述命题的逆不成立.

命题 2.3　(极限的四则运算法则). 设数列$\{a_n\}$,$\{b_n\}$分别收敛到 a,b,则

(1) $\lim\limits_{n\to\infty}(a_n\pm b_n)=a\pm b$.

(2) $\lim\limits_{n\to\infty}(a_nb_n)=ab$.

(3)若 $b\neq 0$, $\lim\limits_{n\to\infty}\left(\dfrac{a_n}{b_n}\right)=\dfrac{a}{b}$.

证明:下面仅证明(3),(1)与(2)的证明类似. 因$\lim\limits_{n\to\infty} b_n=b$,且 $b\neq 0$. 对 $\varepsilon=\dfrac{|b|}{3}>0$,存在 $N_1\in\mathbb{N}$, 当 $n>N_1$ 时有

$$|b_n-b|<\frac{|b|}{3}$$

从而有 $|b_n|>\dfrac{2|b|}{3}$.

对任意的 $\varepsilon>0$, 因$\lim\limits_{n\to\infty} a_n=a$, 存在 $N_2>0$, 当 $n>N_2$ 时有

$$|a_n-a|<\frac{1}{3}|b|\varepsilon.$$

同理，因$\lim\limits_{n\to\infty} b_n = b$，存在 $N_3>0$，当 $n>N_3$ 时有

$$|b_n - b| < \frac{|b|^2}{3|a|}\varepsilon.\ (a\neq 0\text{ 时})$$

令 $N=\max\{N_1,N_2,N_3\}$，当 $n>N$ 时有

$$\left|\frac{a_n}{b_n}-\frac{a}{b}\right| = \left|\frac{a_n b - b_n a}{b_n b}\right| \leqslant \frac{3}{2|b|^2}(|a_n-a||b|+|b_n-b||a|)<\varepsilon.$$

注 2.4 上面证明中若 $|a=0|$，则取 $|b_n-b|<\varepsilon$ 即可.

命题 2.4 （保号性）若数列$\{a_n\}$，$\{b_n\}$分别收敛到 a，b，且存在 $N_0\in\mathbb{N}$，当 $n>N_0$ 时有 $a_n<b_n$，则 $A\leqslant B$.

证明：反证法. 若 $A>B$，对 $\varepsilon=\frac{A-B}{2}>0$，因$\lim\limits_{n\to\infty}(a_n-b_n)=A-B$，故存在 $N\in\mathbb{N}$，当 $n>N$ 时有

$$|(a_n-b_n)-(A-B)|<\frac{A-B}{2}$$

从而有 $a_n-b_n>\frac{A-B}{2}>0$，故 $a_n>b_n$. 从而当 $n>\max\{N_0,N\}$，有 $a_n<b_n<a_n$，矛盾.

例 2.3 求数列 $a_n=\frac{3n^4-17n^2+12}{2n^4+5n^3-5}$的极限.

解：

$$\lim_{n\to\infty}\frac{3n^4-17n^2+12}{2n^4+5n^3-5}=\frac{3-17\frac{1}{n^2}+12\frac{1}{n^4}}{2+5\frac{1}{n}-5\frac{1}{n^4}}=\frac{3}{2}.$$

定理 2.1 （夹逼定理）设$\{a_n\}$，$\{b_n\}$，$\{c_n\}$为三个数列，若存在 $N_0\in N$，当 $n>N_0$，有

$$b_n\leqslant a_n\leqslant c_n,$$

且$\lim\limits_{n\to\infty} b_n=\lim\limits_{n\to\infty} c_n=L$，则$\lim\limits_{n\to\infty} a_n=L$.

证明：对任意的 $\varepsilon>0$，因$\lim\limits_{n\to\infty} b_n=\lim\limits_{n\to\infty} c_n=L$，故存在 $N_1,N_2\in\mathbb{N}$，当 $n>N_1$ 时有

$$|b_n-L|<\varepsilon,$$

从而有 $b_n>L-\varepsilon$.

同理当 $n>N_2$ 时有

$$|c_n-L|<\varepsilon,$$

从而有 $c_n<L+\varepsilon$.

令 $N=\max\{N_0,N_1,N_2\}$，则当 $n>N$ 时有

$$L-\varepsilon<b_n\leqslant a_n\leqslant c_n<L+\varepsilon.$$

故而有

$$|a_n-L|<\varepsilon$$

即$\lim\limits_{n\to\infty} a_n=L$.

定义 2.4 设$\{a_n\}$为数列，若 $n_k\in\mathbb{N}$ 且 $n_1<n_2<\cdots<n_i$，则$\{a_{n_k}\}$也为数列，称其为$\{a_n\}$的子列.

命题 2.5 设数列$\{a_n\}$收敛到 a，则它的任何子列都收敛到 a.

证明:设$\{a_{n_k}\}$为收敛数列$\{a_n\}$的子列，则显然有$n_k \geqslant k$. 设$\lim\limits_{n\to\infty} a_n = a$. 对任意的$\varepsilon>0$，由定义知,存在$N>0$，当$n>N$时有

$$|a_n - a| < \varepsilon.$$

令$K=N$，则当$k>K$时，有$n_k > n_N \geqslant N$,从而有

$$|a_{n_k} - a| < \varepsilon.$$

命题2.6　数列$\{a_n\}$收敛到a当且仅当它的任何子列都收敛到a.

证明:必要性是显然的，下用反证法证明充分性. 即设$\{a_n\}$不收敛到a,由定义知,存在$\varepsilon_0>0$，对任意的$N\in\mathbb{N}$，存在$n>N$，使得

$$|a_n - a| \geqslant \varepsilon_0.$$

故对$N=1$，存在$n_1>1$，有

$$|a_{n_1} - a| \geqslant \varepsilon_0.$$

$N=n_1$，存在$n_2>n_1$，有

$$|a_{n_2} - a| \geqslant \varepsilon_0.$$

……

$N=n_k$，存在$n_{k+1}>N$，有

$$|a_{n_{k+1}} - a| \geqslant \varepsilon_0.$$

这样我们构造了设$\{a_n\}$的子列$\{a_{n_k}\}$，且$\{a_{n_k}\}$不收敛到a，矛盾.

习题

1. 证明若数列$\{a_n\}$收敛，则$\{|a_n|\}$也收敛. 请举例说明逆不成立.
2. 求极限$\lim\limits_{n\to\infty}(\sqrt{n^2+n}-n)$.
3. 若$a_1=\sqrt{2}$,$a_{n+1}=\sqrt{2+\sqrt{a_n}}$,证明$\{a_n\}$收敛.
4. 求$\sqrt[n]{n}$的极限.
5. 数列$\{a_n\}$的算数平均数列定义为$s_n=\dfrac{a_0+a_1+\cdots+a_n}{n+1}$,证明若$\lim\limits_{n\to\infty} a_n=a$,则$\lim\limits_{n\to\infty} s_n=a$.
6. 固定正数a,设$a_1>\sqrt{a}$,归纳定义$a_{n+1}=\dfrac{1}{2}\left(a_n+\dfrac{a}{a_n}\right)$,证明数列$\{a_n\}$收敛,并求其极限.
7. 求极限$\lim\limits_{n\to\infty}\left(\dfrac{\sqrt[n]{a}+\sqrt[n]{b}}{2}\right)^n$.
8. 求极限$\lim\limits_{n\to\infty}\sqrt[n]{2^n+5^n}$.

2.2　函数的极限

定义2.5　设$A\subseteq\mathbb{R}^n$,$f:A\to R$为函数,a为某δ_0-去心邻域包含于A的一个点,L为一个实

常数. 若对任意的 $\varepsilon>0$,总存在 $\delta>0$ 使得当 $0<d(x,a)<\delta$ 时,有

$$|f(x)-L|<\varepsilon,$$

则称当 $x\to a$ 时,$f(x)$ 趋于 L, 记为 $\lim\limits_{x\to a}f(x)=L$. 此时也称 $f(x)$ 当 $x\to a$ 时极限存在. 若没有这样的 L 存在,则称函数 $f(x)$ 当 $x\to a$ 时没有极限.

定义 2.6　设 $A\subseteq\mathbb{R}^n$,$f:A\to R$ 为函数, 且存在 $M_0>0$,当 $d(x,0)>M_0$ 时,$x\in A$. L 为一个实常数. 若对任意的 $\varepsilon>0$,总存在 $M>0$ 使得当 $d(x,0)>M$ 时,有

$$|f(x)-L|<\varepsilon,$$

则称当 $x\to\infty$时,$f(x)$ 趋于 L, 记为$\lim\limits_{x\to\infty}f(x)=L$. 此时也称 $f(x)$ 当 $x\to\infty$时极限存在. 若没有这样的 L 存在, 则称函数 $f(x)$ 当 $x\to\infty$时没有极限.

例 2.4　$\lim\limits_{(x,y)\to(0,0)}\dfrac{2xy}{\sqrt{x^2+y^2}}=0.$

证明:对任意的 $\varepsilon>0$, 令 $\delta=\varepsilon$, 当 $0<d(x,a)<\delta$ 时有

$$\left|\frac{2xy}{\sqrt{x^2+y^2}}-0\right|\leqslant\sqrt{x^2+y^2}=d(x,0)<\delta=\varepsilon.$$

命题 2.7　(唯一性)若 $f(x)$ 当 $x\to a$ 时极限存在, 则极限唯一.

证明:证明与数列极限的唯一性证明类似.

命题 2.8　(局部有界性)若 $f(x)$ 当 $x\to a$ 时极限存在, 则存在 $\delta>0$ 与 $M>0$, 当 $0<d(x,a)<\delta$ 时, 有

$$|f(x)|\leqslant M.$$

证明:设

$$\lim_{x\to a}f(x)=L.$$

由极限定义, 对 $\varepsilon=1$, 存在 $\delta>0$,$0<d(x,a)<\delta$ 时有

$$|f(x)-L|<1,$$

从而有

$$|f(x)|<|L|+1,$$

令 $M=|L|+1$ 即得证.

注 2.5　对 $f(x)$ 当 $x\to\infty$的极限, 有类似结论.

命题 2.9　(极限的四则运算法则). 设 $f(x)$,$g(x)$ 当 $x\to a$ 时极限存在并分别收敛到 L,M,则

(1)$\lim\limits_{x\to a}(f(x)\pm g(x))=L\pm M$.

(2)$\lim\limits_{x\to a}(f(x)g(x))=LM$.

(3)若 $M\neq0$, $\lim\limits_{x\to a}\left(\dfrac{f(x)}{g(x)}\right)=\dfrac{L}{M}$.

证明与数列情形类似.

命题 2.10　(局部保号性)设$\lim\limits_{x\to a}f(x)=L>0$,则对任何的正数 $M<L$,存在 $\delta>0$,当 $0<d(x,a)<\delta$ 时, 有

$$f(x)>M.$$

证明:因为

$$\lim_{x\to a} f(x)=L>0,$$

由极限定义,对 $\varepsilon=L-M>0$,存在 $\delta>0$,$0<d(x,a)<\delta$ 时有

$$|f(x)-L|<L-M,$$

从而有

$$f(x)>L-(L-M)=M.$$

得证.

命题 2.11　设 $\lim\limits_{x\to a} f(x)=L$,数列 $\{x_n\}$ 包含于 f 的定义域,且 $\lim\limits_{n\to\infty} x_n=a$,则

$$\lim_{n\to\infty} f(x_n)=L.$$

证明:因为

$$\lim_{x\to a} f(x)=L,$$

由极限定义,对 $\varepsilon>0$,存在 $\delta>0$,$0<d(x,a)<\delta$ 时有

$$|f(x)-L|<\varepsilon.$$

又因为 $\lim\limits_{n\to\infty} x_n=a$,对于 δ,存在 $N\in\mathbb{N}$ ，当 $n>N$ 时有

$$|x_n-a|<\delta.$$

从而当 $n>N$ 时有

$$|f(x_n)-L|<\varepsilon.$$

得证.

例 2.5　证明 $\lim\limits_{(x,y)\to(0,0)} \dfrac{2xy}{x^2+y^2}$ 不存在.

证明：当 $x=y\to 0$,则有

$$\lim_{x=y\to 0} \frac{2xy}{x^2+y^2}=\lim_{x\to 0} \frac{2x^2}{x^2+x^2}=0.$$

当 $y=2x\to 0$，则有

$$\lim_{2x=y\to 0} \frac{2xy}{x^2+y^2}=\lim_{x\to 0} \frac{4x^2}{x^2+4x^2}=\frac{4}{5}.$$

由此可见 $\lim\limits_{(x,y)\to(0,0)} \dfrac{2xy^2}{x^2+y^2}$ 不存在.

例 2.6　证明 $\lim\limits_{(x,y)\to(0,0)} \dfrac{2xy^2}{x^2+y^4}$ 不存在.

证明:当 $x=y\to 0$,则有

$$\lim_{x=y\to 0} \frac{2xy^2}{x^2+y^4}=\lim_{x\to 0} \frac{2x^3}{x^2+x^4}=0.$$

当 $x=y^2\to 0$，则有

$$\lim_{x=y^2\to 0} \frac{2xy^2}{x^2+y^4}=\lim_{y\to 0} \frac{2y^4}{y^4+y^4}=1.$$

由此可见 $\lim\limits_{(x,y)\to(0,0)} \dfrac{2xy^2}{x^2+y^4}$ 不存在.

与数列的夹逼定理类似，我们有函数情形下的夹逼定理.

定理 2.2 设$f(x),g(x),h(x)$是从$A\subset\mathbb{R}^n$到$\mathbb{R}$的函数，若对a的某去心领域$\mathring{U}$包含于A，且对任意$x\in\mathring{U}$，有

$$g(x)\leqslant f(x)\leqslant h(x).$$

若$\lim\limits_{x\to a}g(x)=L,\lim\limits_{x\to a}h(x)=L$，则$\lim\limits_{x\to a}f(x)=L$.

定义 2.7 设$A\subset\mathbb{R}$，$f:A\to\mathbb{R}$为函数，a为某δ_0-左邻域包含于A的一个点，L为一个实常数.

(1)若对任意的$\varepsilon>0$，总存在$\delta>0$使得当$0<a-x<\delta$时，有

$$|f(x)-L|<\varepsilon,$$

则称当$x\to a-$时，$f(x)$趋于L，记为$\lim\limits_{x\to a-}f(x)=L$. 此时也称$f(x)$当$x\to a$时左极限存在，称$L$为$f(x)$当$x\to a$时的左极限.

(2)若对任意的$\varepsilon>0$，总存在$\delta>0$使得当$0<x-a<\delta$时，有

$$|f(x)-L|<\varepsilon,$$

则称当$x\to a+$时，$f(x)$趋于L，记为$\lim\limits_{x\to a+}f(x)=L$. 此时也称$f(x)$当$x\to a$时右极限存在，称$L$为$f(x)$当$x\to a$时的右极限.

命题 2.12 $\lim\limits_{x\to a}f(x)=L$当且仅当$\lim\limits_{x\to a-}f(x)=L=\lim\limits_{x\to a+}f(x)$.

证明：必要性是显然的，现证充分性. 因为$\lim\limits_{x\to a-}f(x)=L$，所以任意的$\varepsilon>0$，存在$\delta_1>0$，当$0<a-x<\delta_1$时有

$$|f(x)-L|<\varepsilon.$$

又因$\lim\limits_{x\to a+}f(x)=L$，所以对同样$\varepsilon>0$，存在$\delta_2>0$，当$0<x-a<\delta_2$时有

$$|f(x)-L|<\varepsilon.$$

令$\delta=\min\{\delta_1,\delta_2\}$，当$0<|x-a|<\delta$时有

$$|f(x)-L|<\varepsilon.$$

得证.

例 2.7 求$\lim\limits_{x\to 0}x\left[\frac{1}{x}\right]$.

解：当$x>0$时，有

$$\frac{1}{x}-1\leqslant\left[\frac{1}{x}\right]\leqslant\frac{1}{x}$$

从而有

$$1-x\leqslant x\left[\frac{1}{x}\right]\leqslant 1$$

由夹逼定理可知

$$\lim_{x\to 0+}x\left[\frac{1}{x}\right]=1$$

同理

$$\lim_{x\to 0-}x\left[\frac{1}{x}\right]=1.$$

综上有

$$\lim_{x\to 0} x\left[\frac{1}{x}\right]=1.$$

定义 2.8 设 $A\subset\mathbb{R}$，$f:A\to\mathbb{R}$ 为函数. L 为一个实常数.

(1)设存在 $M_0>0$，当 $x>M_0$ 时，$x\in A$. 若对任意的 $\varepsilon>0$，总存在 $M>0$，使得当 $x>M$ 时，有

$$|f(x)-L|<\varepsilon,$$

则称当 $x\to+\infty$时，$f(x)$趋于 L，记为$\lim\limits_{x\to+\infty}f(x)=L$. 此时也称$f(x)$当 $x\to+\infty$时极限存在，称 L 为 $f(x)$当 $x\to+\infty$时的极限.

(2)设存在 $M_0>0$，当 $x<-M_0$时，$x\in A$. 若对任意的 $\varepsilon>0$，总存在 $M>0$，使得当 $x<-M$ 时，有

$$|f(x)-L|<\varepsilon,$$

则称当 $x\to-\infty$时，$f(x)$趋于 L，记为$\lim\limits_{x\to-\infty}f(x)=L$. 此时也称$f(x)$当 $x\to-\infty$时极限存在，称 L 为 $f(x)$当 $x\to-\infty$时的极限.

命题 2.13 $\lim\limits_{x\to\infty}f(x)=L$ 当且仅当$\lim\limits_{x\to-\infty}f(x)=\lim\limits_{x\to+\infty}f(x)=L$.

例 2.8 $\lim\limits_{x\to\infty}\left(1+\dfrac{1}{x}\right)^x=\mathrm{e}$.

解：令 $a_n=\left(1+\dfrac{1}{n}\right)^n$，则根据二项式展开有

$$\left(1+\frac{1}{n}\right)^n=1+1+\frac{1}{2!}\left(1-\frac{1}{n}\right)\left(1-\frac{2}{n}\right)+\frac{1}{3!}\left(1-\frac{1}{n}\right)\left(1-\frac{2}{n}\right)\left(1-\frac{3}{n}\right)+\cdots+\frac{1}{n!}\left(1-\frac{1}{n}\right)\left(1-\frac{2}{n}\right)\cdots\left(1-\frac{n-1}{n}\right)$$

与

$$\left(1+\frac{1}{n+1}\right)^{n+1}=1+1+\frac{1}{2!}\left(1-\frac{1}{n+1}\right)\left(1-\frac{2}{n+1}\right)+\frac{1}{3!}\left(1-\frac{1}{n+1}\right)\left(1-\frac{2}{n+1}\right)\left(1-\frac{3}{n+1}\right)+\cdots+\frac{1}{n!}\left(1-\frac{1}{n+1}\right)\left(1-\frac{2}{n+1}\right)\cdots\left(1-\frac{n-1}{n+1}\right)+\left(\frac{1}{n}\right)^n$$

逐项对比上两式右端，可见$\left(1+\dfrac{1}{n}\right)^n<\left(1+\dfrac{1}{n+1}\right)^{n+1}$，即 $a_n=\left(1+\dfrac{1}{n}\right)^n$ 是单增的.

再根据$\left(1+\dfrac{1}{n}\right)^n$ 的展开式可知，

$$\left(1+\frac{1}{n}\right)^n\leqslant 1+1+\frac{1}{2!}+\frac{1}{3!}+\cdots+\frac{1}{n!}.$$

又因为$\dfrac{1}{k!}=\dfrac{1}{k(k-1)\cdots 21}\leqslant\dfrac{1}{22\cdots 2}=\dfrac{1}{2^{k-1}}$. 从而有

$$\left(1+\frac{1}{n}\right)^n\leqslant 1+1+\frac{1}{2}+\frac{1}{2^2}+\cdots+\frac{1}{2^{n-1}}<3$$

即 $a_n=\left(1+\dfrac{1}{n}\right)^n$ 是有界的.

由单调有界原理，$\lim\limits_{n\to\infty}\left(1+\dfrac{1}{n}\right)^n$ 存在，就定义为 e.

对于正实数 x，显然有

$$[x]\leqslant x\leqslant[x]+1.$$

从而有

$$\left(1+\frac{1}{[x]+1}\right)^{[x]}\leqslant\left(1+\frac{1}{x}\right)^{x}\leqslant\left(1+\frac{1}{[x]}\right)^{[x]+1}.$$

根据前面数列的结论，我们有$\lim\limits_{n\to\infty}\left(1+\frac{1}{n+1}\right)^{n}=\lim\limits_{n\to\infty}\left(1+\frac{1}{n}\right)^{n+1}=\mathrm{e}$. 由夹逼定理有

$$\lim_{x\to+\infty}\left(1+\frac{1}{x}\right)^{x}=\mathrm{e}.$$

类似可证明$\lim\limits_{x\to-\infty}\left(1+\frac{1}{x}\right)^{x}=\mathrm{e}$. 因此

$$\lim_{x\to\infty}\left(1+\frac{1}{x}\right)^{x}=\mathrm{e}.$$

例 2.9 $\lim\limits_{x\to0}\frac{\sin x}{x}=1$.

解：当$0<x<\frac{\pi}{2}$时，有

$$\sin x<x<\tan x.$$

从而有

$$\cos x<\frac{\sin x}{x}<1.$$

又因为$\lim\limits_{x\to0+}\cos x=1$,由此可见

$$\lim_{x\to0+}\frac{\sin x}{x}=1.$$

而

$$\lim_{x\to0-}\frac{\sin x}{x}=\lim_{t\to0-}\frac{\sin(-t)}{-t}=\lim_{t\to0-}\frac{\sin t}{t}=1.$$

所以

$$\lim_{x\to0}\frac{\sin x}{x}=1.$$

习题

1. 求极限$\lim\limits_{x\to0}\frac{(1+x)(1+2x)(1+3x)-1}{x}$.
2. 求极限$\lim\limits_{x\to0}\frac{x^2}{1-\cos x}$.
3. 求极限$\lim\limits_{x\to+\infty}(\sqrt{x^2+1}-x)$.
4. 设$\lim\limits_{x\to a}f(x)=L$，证明$\lim\limits_{x\to a}|f(x)|=|L|$.
5. 确定曲线$y=\sqrt{x^2-x+1}$的渐近线.
6. 求极限$\lim\limits_{x\to0}\left(\frac{a^x+b^x}{2}\right)^{\frac{1}{x}}$，其中$a,b>0$.

7. 求极限$\lim\limits_{x\to 0}\dfrac{\sqrt{1+\tan x}+\sqrt{1+\sin x}}{x^3}$.

8. 设当$x\to+\infty$时，存在$m,M>0$使得$m<f(x)<M$，且$\lim\limits_{x\to+\infty}\varphi(x)=+\infty$,用极限定义证明$\lim\limits_{x\to+\infty}\varphi(x)f(x)=+\infty$.

9. 求极限$\lim\limits_{n\to+\infty}(\sqrt[n]{3}-1)\ln(1+2^n)$.

10. 求极限$\lim\limits_{x\to 0}\dfrac{x\sin\dfrac{1}{x^2}}{\sin x}$.

11. 求极限$\lim\limits_{x\to 0}\left(\dfrac{3-\mathrm{e}^x}{2+x}\right)^{\frac{1}{\sin x}}$.

第 3 章

实数理论续

定义 3.1　设(a_n)为数列，若对任意的n，有$a_{n+1}\geqslant a_n$，则称(a_n)是单增的. 类似地，若对任意的n，有$a_{n+1}\leqslant a_n$，则称(a_n)是单减的. 若(a_n)是单增的或单减的，则称(a_n)是单调的.

定理 3.1　（单调有界原理）单调有界数列必有极限.

证明：设$\{a_n\}$为单增有界数列，故$\{a_n\}$作为点集是有界的，由确界定理知，其一定存在上确界ξ，下证$\lim\limits_{n\to\infty} a_n=\xi$. 对于任意的$\varepsilon>0$，有上确界的定义知道，存在$N$，有

$$\xi-\varepsilon<a_N<\xi.$$

再由a_n的单增性知，当$n>N$时有

$$\xi-\varepsilon<a_N<a_n<\xi,$$

也即

$$|\xi-a_n|<\varepsilon$$

得证.

例 3.1　该命题表明小数$a_0.a_1a_2\cdots$一定表示一个实数.

解：定义数列$b_1=a_0, b_2=a_0.a_1,\cdots,\cdots,b_n=a_0.a_1a_2\cdots a_n$. 则当$a_0>0$时，$b_n$单调递增且有上界$a_0+1$；当$a_0<0$时，$b_n$单调递减且有下界$a_0-1$. 根据单调有界原理知$\lim\limits_{n\to\infty} b_n$存在，该极限就是小数$a_0.a_1a_2\cdots$.

定义 3.2　设闭区间列$[a_n,b_n]$满足下列条件

(1) $[a_n,b_n]\supseteq[a_{n+1},b_{n+1}], n=1,2,\cdots$;

(2) $\lim\limits_{n\to\infty}(b_n-a_n)=0$,

则称闭区间列$[a_n,b_n]$为闭区间套，简称区间套.

注 3.1　定义 3.2 中的条件 (1) 实际上等价于条件

$$a_1\leqslant a_2\leqslant\cdots\leqslant a_n\leqslant\cdots\leqslant b_n\leqslant\cdots\leqslant b_2\leqslant b_1.$$

定理 3.2　设$[a_n,b_n]$为一个区间套，则存在唯一的ξ使得$\xi\in[a_n,b_n], n=1,2,\cdots$.

证明：由定义 3.2 的条件(1)可知，数列$\{a_n\}$递增，有上界b_1. 所以由单调有界定理，可知$\{a_n\}$的极限存在. 设

$$\lim_{n\to\infty} a_n=\xi.$$

从而由定义 3.2 的条件（2）可得

$$\lim_{n\to\infty} b_n = \lim_{n\to\infty}(b_n - a_n) + \lim_{n\to\infty} a_n = \xi.$$

因为$\{a_n\}$递增，$\{b_n\}$递减，所以

$$a_n \leqslant \xi \leqslant b_n.$$

这就证明了 ξ 的存在性.

下证唯一性. 设 ξ_1 也满足

$$a_n \leqslant \xi_1 \leqslant b_n.$$

则

$$|\xi - \xi_1| \leqslant (b_n - a_n) \to 0,$$

得 $\xi = \xi_1$.

推论 3.1　设$[a_n, b_n]$为区间套,ξ 为定理中的点，则对任意的 $\varepsilon>0$，存在 N，当 $n>N$ 时有$[a_n, b_n] \subseteq U(\xi, \varepsilon)$.

定理 3.3　（致密性定理）有界数列必有收敛子列.

证明:设$\{x_n\}$为有界数列，若$\{x_n\}$中有无限项相等，取这些相等的项可成一个子列. 该子列显然是收敛的.

若数列$\{x_n\}$不含有无限多个相等的项,则$\{x_n\}$中一定有无穷多个不相等的数. 又因$\{x_n\}$作为点集是有界的，设 $x_n \in [a_0, b_0]$. 任取 x_{n_0}，再将$[a, b]$对分为两个区间，因为$\{x_n\}$含有无穷多个不相等的数，则至少有一个区间含有$\{x_n\}$含有无穷多个不相等的数,设为$[a_1, b_1]$. 在$[a_1, b_1]$选取与 x_{n_0} 不相同的点 x_{n1}. 再将$[a_1, b_1]$对分为两个区间，又因$[a_1, b_1]$含有$\{x_n\}$含有无穷多个不相等的数，则两个区间中至少有一个含有$\{x_n\}$含有无穷多个不相等的数，设为$[a_2, b_2]$. 在$[a_2, b_2]$选取与 x_{n_0}, x_{n1} 不相同的点 x_{n2}. 以此类推,我们得到一列区间以及$\{x_n\}$的子列$\{x_{n_k}\}$，它们满足

(1) $[a_{n+1}, b_{n+1}] \subset [a_n, b_n]$；

(2) $b_{n+1} - a_{n+1} = \dfrac{b_n - a_n}{2}$；

(3) $x_{nk} \in [a_k, b_k]$.

由区间套定理知 $\lim\limits_{n\to\infty} a_n = \lim\limits_{n\to\infty} b_n = \xi$，由夹逼定理知 $\lim\limits_{k\to\infty} x_{nk} = \xi$. 得证.

推论 3.2　若$\{a_n\}$为无界数列，则存在趋于无穷的子列$\{a_{n_k}\}$.

定义 3.3　设$\{a_n\}$为数列,若对任意的正数 ε,存在正整数 N，使得对任意的 $m, n>N$，有

$$|a_n - a_m| < \varepsilon,$$

则称$\{a_n\}$为 Cauchy 列.

定理 3.4　（Cauchy 收敛原理）数列$\{a_n\}$收敛当且仅当它为 Cauchy 列.

证明:（必要性）设 $\lim\limits_{n\to\infty} a_n = A$,由数列极限的定义知,对任意的 $\varepsilon>0$,存在 $N \in \mathbb{N}$,使得当 $m, n>N$ 时，有

$$|a_n - A| < \frac{\varepsilon}{2},\ |a_m - A| < \frac{\varepsilon}{2}.$$

因而有

$$|a_m - a_n| < |a_n - A| + |a_m - A| < \varepsilon.$$

(充分性)用致密性定理. 设$\{a_n\}$为 Cauchy 列, 则对 $\varepsilon_0=1$,存在 $N\in\mathbb{N}$, 使得当 $n>N$ 时, 有

$$|a_n-a_{N+1}|<1.$$

故$|a_n|<|a_{N+1}|+1$. 令$M=\max\{|a_1|,|a_2|,\cdots,|a_N|,|a_{N+1}|+1\}$,则对一切的 n, 有$|a_n|\leqslant M$. 由致密性定理知, $\{a_n\}$有收敛子列 $\{a_{n_k}\}$. 设 $\lim\limits_{k\to\infty}a_{nk}=A$. 下证$\{a_n\}$也收敛到 A.

因为$\{a_n\}$ 是柯西列, 所以对于任意正数 $\varepsilon>0$,存在 $N\in\mathbb{N}_1$,使得当 $m,n>N_1$ 时,有

$$|a_m-a_n|<\frac{\varepsilon}{2}.$$

又因为$\lim\limits_{k\to\infty}a_{nk}=A$,对该 ε, 存在 $K\in\mathbb{N}_1$, 使得当 $k>K$ 时, 有

$$|a_{n_k}-A|<\frac{\varepsilon}{2}.$$

令 $N=\max\{N_1,K\}$, 当 $n>N$ 时, 有

$$|a_n-A|<|a_n-a_{n_k}|+|a_{n_k}-A|<\varepsilon.$$

所以 $\lim\limits_{n\to\infty}a_n=A$.

定义 3.4 设 S 为数轴上的一个点集,H 为一些开区间 I 的集合,若对任意的 $x\in S$,均存在 $I\in H$, 使得 $x\in I$, 则称 H 为 S 的一个开覆盖. 若 $H_1\subset H$ 还是 S 的开覆盖,则称 H_1 为 H 的子覆盖. 若 H 为 S 的开覆盖, 且 H 仅有有限个开区间,则称 H 为 S 的有限开覆盖.

例 3.2 $H=\left\{\left(\frac{1}{n+1},\frac{1}{n-1}\right)\ \middle|\ n=2,3,\cdots\right\}$为$(0,1)$的开覆盖.

定理 3.5 (海涅-博雷尔有限覆盖定理)闭区间$[a,b]$的任何开覆盖都有有限的子覆盖.

证明:设 H 为$[a,b]$的一个开覆盖. 若定理不成立, 也就是说$[a,b]$不能被 H 中任何有限个开区间所覆盖. 将区间$[a,b]$等分成两个子区间, 那么这两个子区间中至少有一个不能被 H 中任意有限个开区间所覆盖, 设该区间为$[a_1,b_1]$, 显然有

$$[a_1,b_1]\subset[a,b],\ 且\ b_1-a_1=\frac{b-a}{2}.$$

再将$[a_1,b_1]$等分成两个子区间, 其中至少有一个不能被 H 中有限个开区间所覆盖. 设该区间为$[a_2,b_2]$, 同样有

$$[a_2,b_2]\subset[a_1,b_1],\ 且\ b_2-a_2=\frac{b_1-a_1}{2}.$$

将上述过程无限进行下去, 可得一列闭区间$[a_n,b_n]$, 其满足下列三个性质:

(1)$[a_{n+1},b_{n+1}]\subset[a_n,b_n]$;

(2)$b_{n+1}-a_{n+1}=\dfrac{b_n-a_n}{2}$;

(3)对每一个闭区间$[a_n,b_n]$, 都不能被 H 中有个开区间所覆盖.

由区间套定理, 存在唯一的 ξ 使得

$$\xi\in[a_n,b_n],n=1,2,\cdots$$

H 为$[a,b]$的一个开覆盖,所以存在$(\alpha,\beta)\in H,\xi\in(\alpha,\beta)$. 取 $\varepsilon_0=\min\{\xi-\alpha,\beta-\xi\}$,由闭区间套定理的推论知,存在 N, 使得$[a_N,b_N]\subseteq U(\xi,\varepsilon_0)\subseteq(\alpha,\beta)$, 这就是说, $[a_N,b_N]$被 H 中的一个开区间所覆盖, 矛盾.

习题

1. 证明数集 $S=\{2^n \mid n\in\mathbb{N}\}$ 无上界，有下界.
2. 证明数集 $S=\left\{\frac{n^2-1}{2n^3} \mid n\in\mathbb{N}\right\}$ 有界.
3. 求数集 $S=\left\{1-\frac{1}{n} \mid n\in\mathbb{N}+\right\}$ 的上下确界.
4. 设 $f(x)$ 在 $[a,b]$ 上连续，$\{x_n\}\subset[a,b]$. 如果 $\lim\limits_{n\to\infty}f(x_n)=A$，则存在 $c\in[a,b]$，$f(c)=A$.
5. 构造一个没有有限子覆盖的开覆盖的例子.

第 4 章 连续函数

我们在第 2 章给出了一个数学分析的基本理论工具——极限，这为我们用分析的方法研究函数奠定了基础，那么我们数学分析中主要讨论哪些类型的函数呢？事实上，一方面，现实中我们遇到的许多函数是“连续”变化的函数，比如身高随着年龄的持续变化，气温的连续上升等；另一方面，我们常常会借助连续函数讨论一些不连续的函数．于是，本章我们将讨论连续函数.

4.1 连续函数

4.1.1 连续函数的概念

定义 4.1 设 $y=f(x)$ 在 $U(x_0)$ 上有定义，若

$$\lim_{x\to x_0} f(x)=f(x_0),$$

则称 $f(x)$ 在点 x_0 连续，x_0 是 $f(x)$ 的连续点.

用极限的“$\varepsilon-\delta$ 定义”，函数 $f(x)$ 在点 x_0 连续 $\Leftrightarrow \forall \varepsilon>0, \exists \delta>0$，当 $|x-x_0|<\delta$ 时，有

$$|f(x)-f(x_0)|<\varepsilon.$$

为引入连续的另一种表述，记 $\Delta x=x-x_0$，称为自变量 x 在点 x_0 的增量或改变量；记 $\Delta y=f(x)-f(x_0)=f(x_0+\Delta x)-f(x_0)$，称为函数 $y=f(x)$ 在点 x_0 的增量或改变量．于是，定义 4.1 就可表述为：

$$y=f(x)\text{在点 } x_0 \text{ 连续} \Leftrightarrow \lim_{\Delta x\to 0}\Delta y=0$$

注 4.1 事实上，函数 $f(x)$ 在点 x_0 连续意味着：$\lim\limits_{x\to x_0} f(x)=f(\lim\limits_{x\to x_0} x=x_0)=f(x_0)$，即极限运算与函数法则 f 的可交换性.

应用左右极限的概念，我们有如下定义：

定义 4.2 设函数 f 在点 x_0 及 $U^+(x_0)(U^-(x_0))$ 内有定义，若

$$\lim_{x\to x_0^+} f(x)=f(x_0) \quad \left(\lim_{x\to x_0^-} f(x)=f(x_0)\right)$$

则称 f 在点 x_0 右连续(左连续).

根据极限的相关结论,显然有结论:

$f(x)$ 在点 x_0 连续 $\Leftrightarrow f(x)$ 在点 x_0 既是左连续又是右连续.

例 4.1　$f(x)=\sin x$ 在$\mathbb{R}$ 上连续.

证明:$\forall x_0\in\mathbb{R}$,有 $\left|\cos\dfrac{x+x_0}{2}\right|\leqslant 1$ 与 $\left|\sin\dfrac{x-x_0}{2}\right|\leqslant\left|\dfrac{x-x_0}{2}\right|$. $\forall\varepsilon>0$,要使

$$|\sin x-\sin x_0|=2\left|\cos\frac{x+x_0}{2}\right|\left|\sin\frac{x-x_0}{2}\right|\leqslant 2\frac{|x-x_0|}{2}=|x-x_0|<\varepsilon$$

成立,只需取 $\delta=\varepsilon$. 我们可得:

$$\lim_{x\to x_0}\sin x=\sin x_0$$

故 $\sin x$ 在点 x_0 连续,从而在$\mathbb{R}$ 上连续.

例 4.2　讨论函数

$$f(x)=\begin{cases}x+1, & x\leqslant 0\\ x-1, & x>0\end{cases}$$

在点 $x=0$ 的连续性.

解:因

$$\lim_{x\to 0^+}f(x)=\lim_{x\to 0^+}(x-1)=-1$$
$$\lim_{x\to 0^-}f(x)=\lim_{x\to 0^+}(x+1)=1$$

且 $f(0)=1$,所以 $f(x)$ 在点 $x=0$ 处左连续,但不右连续,从而在 $x=0$ 处不连续.

定义 4.3　若函数 f 在区间 I 上的每一点都连续,则称 f 在区间 I 上连续. 对于区间 I 上的端点,这里的连续指左连续或右连续.

4.1.2　间断点及分类

定义 4.4　设函数 f 在某 $\mathring{U}(x_0)$ 有定义,若 f 在点 x_0 无定义,或在点 x_0 有定义但不连续,则称点 x_0 为函数 f 的间断点(或不连续点).

据此定义和之前关于极限和连续性之间联系的讨论,若 x_0 为函数 f 的间断点,则是如下情形之一:

(1) f 在点 x_0 无定义;

(2) f 在点 x_0 有定义但 $\lim\limits_{x\to x_0}f(x)$ 不存在;

(3) f 在点 x_0 有定义及 $\lim\limits_{x\to x_0}f(x)$ 存在但 $\lim\limits_{x\to x_0}f(x)\neq f(x_0)$.

因此,我们对函数的间断点作如下分类:

(1) 可去间断点.

若 $\lim\limits_{x\to x_0}f(x)=A$,而 f 在点 x_0 无定义,或有定义但 $f(x_0)\neq A$,则称 x_0 为 f 的可去间断点.

(2) 跳跃间断点.

若函数 f 在点 x_0 的左右极限都存在,但 $\lim\limits_{x\to x_0^+}f(x)\neq\lim\limits_{x\to x_0^-}f(x)$,则称点 x_0 为函数 f 的跳跃间断点.

可去间断点与跳跃间断点统称为第一类间断点. 第一类间断点的特点是函数在该点的

左右极限存在.

(3)无穷间断点.

$\lim_{x\to x_0^+} f(x)=\infty$或$\lim_{x\to x_0^-} f(x)=\infty$,则称点 x_0 为函数f的无穷间断点.

(4)振荡间断点.

不是上述三类间断点的间断点称为函数 f 的振荡间断点.

无穷间断点与振荡间断点统称为第二类间断点.

例 4.3 0 是$f(x)=\dfrac{\sin x}{x}$的可去间断点.

解:易知$\lim_{x\to 0} f(x)=1$ 且$f(x)$在 $x=0$ 处无定义,故 $x=0$ 是$f(x)$的可去间断点. 事实上,如果补充函数在 $x=0$ 的定义,令

$$\tilde{f}(x)=\begin{cases}\dfrac{\sin x}{x}, & x\neq 0\\ 1, & x=0\end{cases}$$

则 $\tilde{f}(x)$在 $x=0$ 处连续,这也是我们称该型间断点为“可去”的原因.

例 4.4 讨论符号函数

$$f(x)=\operatorname{sgn} x=\begin{cases}1, & x>0\\ 0, & x=0\\ -1, & x<0\end{cases}$$

在点 $x=0$ 的间断情况.

解:事实上,易知

$$\lim_{x\to 0^+} f(x)=1,\lim_{x\to 0^-} f(x)=-1,$$

但

$$\lim_{x\to 0^+} f(x)\neq\lim_{x\to 0^-} f(x),$$

从而 $x=0$ 为$f(x)$的跳跃间断点.

例 4.5 狄利克雷函数

$$D(x)=\begin{cases}1, & x\text{ 是有理数}\\ 0, & x\text{ 是无理数}\end{cases}$$

$\forall x\in\mathbb{R}$ 都是间断点,且都是第二类间断点.

解:因为对任何的点 x_0,极限$\lim_{x\to x_0^+} D(x)$与$\lim_{x\to x_0^-} D(x)$均不存在,所以 x_0 为 $D(x)$的第二类间断点.

例 4.6 讨论黎曼函数

$$R(x)=\begin{cases}\dfrac{1}{q}, & x=\dfrac{p}{q}\text{,其中 }p\text{ 是整数},q\text{ 是正整数,且 }p\text{ 与 }q\text{ 互素}\\ 1, & x=0\\ 0, & x\text{ 是无理数}\end{cases}.$$

的连续性.

解:我们首先证明$\lim_{x\to a} R(x)=0$.

$\forall\varepsilon>0$，在点 a 的某去心邻域 $\mathring{U}(a,\delta)$ 内，分别考虑 x 为有理数与无理数的情形.

当 x 是无理数时，$|R(x)-0|=0<\varepsilon$；

当 $x=\frac{p}{q}$ 是有理数时，注意到 $R\left(\frac{p}{q}\right)=\frac{1}{q}$ 且满足 $\frac{1}{q}\geqslant\varepsilon$ 的正整数 q 只有有限个，从而在 $\mathring{U}(a,\delta)$ 中满足 $R(x)\geqslant\varepsilon$ 的有理数 $x=\frac{p}{q}$ 也只有有限个. 设它们为 $r_1,r_2,\cdots,r_n$，令

$$\delta_0=\min\{|r_1-a|,|r_2-a|,\cdots,|r_n-a|,\delta\},$$

则 $\forall x\in\mathring{U}(a,\delta_0)$ 无论 x 是有理数还是无理数，都有 $|R(x)-0|<\varepsilon$，即 $\lim\limits_{x\to a}R(x)=0$.

再来讨论连续性. 显然无理点都是 $R(x)$ 的连续点.

当 x 是有理数时设 $x=\frac{p}{q}$. 总存在无理点序列 $\{\alpha_n\}$，使 $\alpha_n\to\frac{p}{q}$. 注意到 $R(\alpha_n)=0$，有 $\lim\limits_{n\to\infty}R(\alpha_n)=0\neq R\left(\frac{p}{q}\right)=\frac{1}{q}$.

即 $R(x)$ 在有理点间断，且有理点都是第一类间断点.

习题

1. 用定义证明下列函数在其定义域内连续：

(1) $f(x)=\frac{1}{x}$；　　(2) $f(x)=|x|$.

2. 指出下列函数的间断点并说明其类型：

(1) $f(x)=x+\frac{1}{x}$；　　(2) $f(x)=\frac{\sin x}{|x|}$；

(3) $f(x)=\frac{1}{\ln|x|}$；　　(4) $f(x)=\arctan\frac{1}{x}$；

(5) $f(x)=[|\cos x|]$；　　(6) $f(x)=\operatorname{sgn}(\cos x)$.

3. 证明：若 f 在点 x_0 连续，则 $|f|$ 与 f^2 也在点 x_0 连续.

4. 试分别用不同形式叙述 $\lim\limits_{x\to a}f(x)$ 不存在.

4.2　连续函数的性质

4.2.1　连续函数的局部性质

根据连续函数的定义以及极限的性质，不难得到下面这些性质.

定理 4.1　（局部有界性）. 若函数 f 在点 x_0 连续，则 f 在某邻域 $U(x_0)$ 上有界.

证明：由定义知 $\lim\limits_{x\to x_0}f(x)=f(x_0)$，故对 $\varepsilon=1$，存在 $\delta>0$，当 $|x-x_0|<\delta$ 时，有

$$|f(x)-f(x_0)|<1.$$

从而有

$$|f(x)|<|f(x_0)|+1,$$

令 $M=|f(x_0)|+1$，可知结论成立.

定理 4.2 （局部保号性）. 若函数 f 在点 x_0 连续且 $f(x_0)>0$（或 $f(x_0)<0$），则存在 $\delta>0$，使 $\forall x\in U(x_0,\delta)$，有 $f(x)>0$（或<0）.

证明：这里仅证明 $f(x_0)>0$ 的情形，$f(x_0)<0$ 的情形证明类似. 由定义知 $\lim\limits_{x\to x_0}f(x)=f(x_0)$，故对 $\varepsilon=\dfrac{f(x_0)}{2}>0$，存在 $\delta>0$，当 $|x-x_0|<\delta$ 时，有

$$|f(x)-f(x_0)|<\varepsilon=\frac{f(x_0)}{2}.$$

从而有

$$f(x)>\frac{f(x_0)}{2}>0,$$

从而结论成立.

定理 4.3 （四则运算）. 若函数 f 和 g 在点 x_0 连续，则其四则运算函数

$$f\pm g,\qquad f\cdot g,\qquad \frac{f}{g}\qquad (g(x_0)\neq 0)$$

都在点 x_0 连续.

定理 4.4 若函数 f 在点 x_0 连续，函数 g 在点 u_0 连续，其中 $u_0=f(x_0)$，则复合函数 $g\circ f$ 在点 x_0 连续.

证明：由于 g 在 u_0 连续，对 $\forall\varepsilon>0$，$\exists\delta_1>0$，当 $|u-u_0|<\delta_1$ 时，有

$$|g(u)-g(u_0)|<\varepsilon$$

又 $u=f(x)$ 在点 x_0 连续，对上面的 $\delta_1>0$，$\exists\delta>0$，当 $|x-x_0|<\delta$，有

$$|f(x)-f(x_0)|=|u-u_0|<\delta_1.$$

从而，$\forall\varepsilon>0$，$\exists\delta>0$，当 $|x-x_0|<\delta$，有

$$|g(f(x))-g(f(x_0))|=|g(u)-g(u_0)|<\varepsilon.$$

即 $g\circ f$ 在点 x_0 连续.

4.2.2 闭区间上连续函数的整体性质

定义 4.5 设 f 为定义在数集 D 上的函数，若存在 $x_0\in D$，使得 $\forall x\in D$，有 $f(x_0)\geqslant f(x)$（$f(x_0)\leqslant f(x)$），则称函数 f 在 D 上有最大（最小）值，并称 $f(x_0)$ 为 f 在 D 上的最大（最小）值.

定理 4.5 （有界性）. 若函数 f 在闭区间 $[a,b]$ 上连续，则 f 在闭区间 $[a,b]$ 上有界，即 $\exists M>0$，$\forall x\in[a,b]$，有

$$|f(x)|\leqslant M.$$

证明：反证法. 若不然，设 $f(x)$ 在 $[a,b]$ 上无界，那么存在点列 $\{x_n\}\subset[a,b]$，使

$$f(x_n)>n,\ n=1,2,\cdots$$

由此知

$$\lim_{n\to\infty}f(x_n)=+\infty.$$

另一方面，$\{x_n\}$ 为 $[a,b]$ 中的有界无限点列，由致密性定理 $\{x_n\}$ 有收敛的子序列 $\{x_{n_k}\}$，不妨设 $\lim_{k\to\infty}x_{n_k}=x_0$. 因 $a\leqslant x_{n_k}\leqslant b$，由极限保号性得：$a\leqslant x_0\leqslant b$. 故 $f(x)$ 在点 x_0 连续.

此时

$$+\infty=\lim_{n\to\infty}f(x_n)=\lim_{k\to\infty}f(x_{n_k})=\lim_{x\to x_0}f(x)=f(x_0),$$

这与在 x_0 的连续性矛盾.

定理 4.6　（最值性）. 若函数 f 在闭区间 $[a,b]$ 上连续，则 f 在闭区间 $[a,b]$ 上有最小值 m 和最大值 M.

证明：反证法. 由有界性和确界原理，存在上确界. 设 $\sup\limits_{x\in[a,b]}f(x)=M$. 假设 $\forall x\in[a,b]$，都有 $f(x)<M$. 令

$$g(x)=\frac{1}{M-f(x)},x\in[a,b].$$

显然 g 在 $[a,b]$ 上恒正且连续. 由前述定理，g 在 $[a,b]$ 上也有上界，记为 G. 即

$$0<g(x)=\frac{1}{M-f(x)}\leqslant G,x\in[a,b].$$

整理得

$$f(x)\leqslant M-\frac{1}{G},\ \forall x\in[a,b].$$

这与 M 的上确界性矛盾. 故必有 $\xi\in[a,b]$，使 $f(\xi)=M$. 即 f 在 $[a,b]$ 上有最大值.

同理可证最小值的情形.

定理 4.7　（零点定理）. 若函数 f 在闭区间 $[a,b]$ 上连续，且 $f(a)\cdot f(b)<0$（即 $f(a)$ 与 $f(b)$ 异号），则至少存在一点 $x_0\in(a,b)$，使

$$f(x_0)=0.$$

证明：不妨设 $f(a)<0$，$f(b)>0$. 用反证法. 假设 $\forall x\in[a,b]$，有 $f(x)\neq0$. 将区间 $[a,b]$ 二等分，分成两个闭子区间 $\left[a,\frac{a+b}{2}\right]$ 和 $\left[\frac{a+b}{2},b\right]$，则其中必有一个使 f 在其两个端点异号，记该子区间为 $[a_1,b_1]$，满足 $f(a_1)f(b_1)<0$.

照此思路，再把 $[a_1,b_1]$ 二等分，得一闭子区间 $[a_2,b_2]$. 用二等分法无限进行下去，我们可得闭区间列 $\{[a_n,b_n]\}$ $(a_0=a,b_0=b)$，且满足

(1) $[a,b]\supset[a_1,b_1]\supset\cdots\supset[a_n,b_n]\supset\cdots$;

(2) $\lim\limits_{n\to\infty}(b_n-a_n)=\lim\limits_{n\to\infty}\dfrac{b-a}{2^n}=0.$

根据闭区间套定理，存在唯一的 $\xi\in[a_n,b_n]$，$n\geqslant1$，且 $\lim\limits_{n\to\infty}a_n=\lim\limits_{n\to\infty}b_n=\xi$.

注意到 $f(\xi)\neq0$ 且

$$\lim_{n\to\infty}f(a_n)=\lim_{n\to\infty}f(b_n)=f(\xi).$$

因 $f(a_n)f(b_n)<0$，由极限的保号性，

$$f(\xi)^2=\lim_{n\to\infty}f(a_n)f(b_n)\leqslant0$$

故 $f(\xi)=0$. 得证.

定理 4.8 （介值性定理）. 若函数 f 在闭区间 $[a,b]$ 上连, m 和 M 分别是 f 在 $[a,b]$ 上的最小值和最大值，若 ξ 是介于 m 与 M 间的任意数（即 $m\leqslant\xi\leqslant M$），则至少存在一点 $x_0\in[a,b]$，使

$$f(x_0)=\xi.$$

证明：若 $m=M$，则 $f\equiv m$ 是常函数，定理显然成立.

若 $m<M$，由最值定理，$\exists x_1,x_2$，使 $f(x_1)=m, f(x_2)=M$. 不妨设 $x_1<x_2$，有 $a\leqslant x_1<x_2\leqslant b$. 若 $\xi=m$ 或 $\xi=M$，则取 $x_0=x_1$ 或 $x_0=x_2$，定理成立. 只需证明 $f(x_1)=m<\xi<M=f(x_2)$ 的情形.

作辅助函数

$$\phi(x)=f(x)-\xi,$$

则 $\phi(x)$ 在 $[a,b]$ 上连续，从而在 $[x_1,x_2]$ 上也连续，且

$$\phi(x_1)=f(x_1)-\xi<0$$

与

$$\phi(x_2)=f(x_2)-\xi>0.$$

由零点定理，在区间 (x_1,x_2) 内至少存在一点 x_0，使

$$\phi(x_0)=f(x_0)-\xi=0.$$

即

$$f(x_0)=\xi.$$

4.2.3 反函数的连续性

定理 4.9 若函数 f 在区间 $[a,b]$ 上严格单调且连续，则反函数 f^{-1} 在定义域 $[f(a),f(b)]$ $\left(\text{或}[f(b),f(a)]\right)$ 上连续.

证明：不妨设 f 在 $[a,b]$ 上严格单增，此时 f 的值域即反函数 f^{-1} 的定义域为 $[f(a),f(b)]$. 任取点 $y_0\in(f(a),f(b))$，设 $x_0=f^{-1}(y_0)$，则 $x_0\in(a,b)$. 于是，对 $\forall\varepsilon>0$，在区间 (a,b) 内 x_0 两侧各取点 $x_1,x_2(x_1<x_0<x_2)$，且

$$x_0-x_1<\varepsilon, x_2-x_0<\varepsilon.$$

设 $y_1=f(x_1), y_2=f(x_2)$，则 $y_1<y_0<y_2$，取 $\delta=\min\{y_0-y_1,y_2-y_0\}$，即 $\forall\varepsilon>0$，$\exists\delta=\min\{y_0-y_1,y_2-y_0\}>0$，当 $|y-y_0|<\delta$ 时有

$$|f^{-1}(y)-f^{-1}(y_0)|=|x-x_0|<\varepsilon.$$

即 f^{-1} 在点 y_0 连续，从而在 $[f(a),f(b)]$ 上连续.

类似可证端点 $f(a), f(b)$ 的左连续与右连续性.

例 4.7 函数 $y=\sin x$ 在区间 $\left[-\frac{\pi}{2},\frac{\pi}{2}\right]$ 上严格单调且连续，故其反函数 $y=\arcsin x$ 在区间 $[-1,1]$ 上连续.

事实上，可以用连续函数的定义证明基本初等函数（常值函数、幂函数、指数函数、三角函数）在它们各自的定义域上都连续，由反函数的连续性可以说明对数函数、反三角函数在它们各自的定义域上也是连续的，由连续函数的四则运算以及复合法则，可知初等函数在其定义区间上是连续的，即初等函数在其定义区间上连续.

4.2.4　一致连续性

定义 4.6　设函数 f 在区间 I 上有定义，若 $\forall \varepsilon>0, \exists \delta>0, \forall x_1, x_2 \in I$ 且 $|x_1-x_2|<\delta$，有

$$|f(x_1)-f(x_2)|<\varepsilon,$$

则称 f 在区间 I 上一致连续.

注 4.2　(1)函数连续定义中的 δ 与点 x 和 ε 有关；而一致连续定义中的 δ 只与 ε 有关.

(2)函数即便在区间上连续，也是逐点定义连续的，是局部性质. 对不同的点，所对应的 δ 可能并不相同；而一致连续是区间上的整体性质，对于区间内所有的点，能对应公共的 δ.

(3)函数在区间上一致连续一定连续. 反之呢？

注 4.3　函数 f 在区间 I 上非一致连续 $\Leftrightarrow \exists \varepsilon_0>0, \forall \delta>0, \exists x_1, x_2 \in I$，虽然 $|x_1-x_2|<\delta$，但

$$|f(x_1)-f(x_2)| \geqslant \varepsilon_0.$$

例 4.8　证明：函数 $f(x)=\dfrac{1}{x}$

(1)在 $[a,1]\ (0<a<1)$ 上一致连续.

(2)在 $(0,1]$ 上非一致连续.

证明：(1) $\forall \varepsilon>0, \forall x_1, x_2 \in [a,1]$，要使不等式

$$|f(x_1)-f(x_2)|=\left|\frac{1}{x_1}-\frac{1}{x_2}\right|=\frac{|x_1-x_2|}{|x_1x_2|}\leqslant\frac{|x_1-x_2|}{a^2}<\varepsilon$$

成立，须要 $|x_1-x_2|<a^2\varepsilon$. 取 $\delta=a^2\varepsilon$，则

$$\forall \varepsilon>0, \exists \delta=a^2\varepsilon>0, \forall x_1, x_2 \in [a,1]: |x_1-x_2|<\delta, \text{有 } |f(x_1)-f(x_2)|<\varepsilon.$$

即 f 在 $[a,1]$ 上一致连续.

(2) $\exists \varepsilon_0=\dfrac{1}{2}>0, \forall \delta>0, \exists \dfrac{1}{n+1}, \dfrac{1}{n} \in (0,1]$：

$$\left|\frac{1}{n+1}-\frac{1}{n}\right|=\frac{1}{n(n+1)}<\frac{1}{n^2}<\delta\ \left(n>\frac{1}{\sqrt{\delta}}\right)$$

使得

$$\left|f\left(\frac{1}{n+1}\right)-f\left(\frac{1}{n}\right)\right|=n+1-n=1>\frac{1}{2}=\varepsilon_0,$$

即函数 f 在 $(0,1]$ 上非一致连续.

例 4.9　证明：$f(x)=\sin\dfrac{1}{x}$ 在区间 $(0,1]$ 上非一致连续.

证：令 $x_n=\dfrac{1}{2n\pi}, y_n=\dfrac{1}{2n\pi+\pi/2}, n=1,2,\cdots$，满足

$$\lim_{n\to\infty}(x_n-y_n)=0.$$

于是，$\exists \varepsilon_0=\dfrac{1}{2}>0, \forall \delta>0, \exists x_N, y_N$（$N$ 充分大）：$|x_N-y_N|<\delta$ 使

$$|f(x_N)-f(y_N)|=\left|\sin\frac{1}{x_N}-\sin\frac{1}{y_N}\right|=1>\frac{1}{2}=\varepsilon_0,$$

即函数 f 在 $(0,1]$ 上非一致连续.

定理 4.10　若函数 f 在闭区间 $[a,b]$ 上连续，则 f 在闭区间 $[a,b]$ 上一致连续.

证：用反证法. 设函数f在区间$[a,b]$上非一致连续，即

$\exists \varepsilon_0>0, \forall \delta>0, \exists x', x'' \in [a,b]: |x'-x''|<\delta$，有$|f(x')-f(x'')| \geqslant \varepsilon_0$.

取$\delta=1, \exists x'_1, x''_1 \in [a,b]: |x'_1-x''_1|<1$，使$|f(x'_1)-f(x''_1)| \geqslant \varepsilon_0$.

取$\delta=\frac{1}{2}, \exists x'_2, x''_2 \in [a,b]: |x'_2-x''_2|<\frac{1}{2}$，使$|f(x'_2)-f(x''_2)| \geqslant \varepsilon_0$.

……

取$\delta=\frac{1}{n}, \exists x'_n, x''_n \in [a,b]: |x'_n-x''_n|<\frac{1}{n}$，使$|f(x'_n)-f(x''_n)| \geqslant \varepsilon_0$.

……

从而我们在$[a,b]$内构造了两个数列$\{x'_n\}$与$\{x''_n\}$.

由致密性定理，数列$\{x'_n\}$与$\{x''_n\}$分别存在收敛的子数列$\{x'_{nk}\}$和$\{x''_{nk}\}$，设$\lim\limits_{k\to\infty} x'_{nk}=\xi\in[a,b]$. 因为$|x'_{nk}-x''_{nk}|<\frac{1}{n}$，也有$\lim\limits_{k\to\infty} x''_{nk}=\xi$.

一方面，因f在点ξ连续，有$\lim\limits_{k\to\infty}|f(x'_{nk})-f(x''_{nk})|=|f(\xi)-f(\xi)|=0$. 即当$k$充分大时，$|f(x'_{nk})-f(x''_{nk})|=|f(\xi)-f(\xi)|<\varepsilon_0$.

另一方面，由前面两数列的构造知，$\forall k\in N_+$，有$|f(x'_{nk})-f(x''_{nk})| \geqslant \varepsilon_0$.

矛盾. 证毕.

习题

1. 用定义证明：若函数f在点a连续，且$f(a)<0$，则$\exists \delta>0, \forall x: |x-a|<\delta$，有$f(x)<0$.

2. 求极限：

(1) $\lim\limits_{x\to\frac{\pi}{4}}(\pi-x)\tan x$；　(2) $\lim\limits_{x\to1^+}\frac{x\sqrt{1+2x}-\sqrt{x^2-1}}{x+1}$.

3. 证明下列命题：

(1) $x^2\cos x-\sin x=0$在$\left(\pi,\frac{3\pi}{2}\right)$内至少有一个实根；

(2) $x^5-2x^2+x+1=0$在$(-1,1)$内至少有一个实根；

(3) $x-2\sin x=a\ (a>0)$至少有一个正实根.

4. 用一致连续的定义证明：若f,g都在区间I上一致连续，则$f+g$也在I上一致连续.

5. 证明：

(1) $f(x)=x^2$在$(-1,1)$一致连续，在$\mathbb{R}$上非一致连续；

(2) $f(x)=\sqrt{x}$在$[1,+\infty)$一致连续；

(3) $f(x)=\sin x$在$(-\infty,+\infty)$上一致连续.

6. 设函数f在$[0,2a]$上连续，且$f(0)=f(2a)$，证明：$\exists x_0\in[0,a]$，使$f(x_0)=f(x_0+a)$.

7. 使用有限覆盖定理证明闭区间上的连续函数是有界的.

第 5 章 定积分

5.1 定积分的基本概念与可积条件

5.1.1 定积分的定义

定义 5.1 设闭区间$[a,b]$上有 $n-1$ 个点,依次为:

$$a = x_0 < x_1 < x_2 < \cdots < x_{n-1} < x_n = b,$$

它们将区间$[a,b]$分成 n 个小区间 $\Delta_i=[x_{i-1,i}]$,$i=1,2,\cdots,n$. 这些分点或者闭子区间称为对闭区间$[a,b]$的划分,记为

$$T:a = x_0 < x_1 < x_2 < \cdots < x_{n-1} < x_n = b$$

或

$$T:\Delta_1,\Delta_2,\cdots,\Delta_n,$$

其中 Δ_i 为闭子区间$[x_{i-1},x_i]$,每个 Δ_i 的长度为 $\Delta x_i=x_i-x_{i-1}$,称

$$\| T \| = \max_{1\leqslant i\leqslant n}\{\Delta x_i\}$$

为划分 T 的模.

注 5.1 由于 $\Delta x_i\leqslant \| T\|$ $(i=1,2,\cdots,n)$,因此 $\| T\|$ 可以用来反映划分 T 的细密程度. 另外,一旦给出$[a,b]$一个划分 T,则 $\| T\|$ 随即被确定; 但是,不同的划分仍可能有相同的模,比如闭区间为$[0,1]$上的两个划分

$$T:0 = x_0 < x_1 < x_2 = 1,x_1 = \frac{1}{2}$$

与

$$T':0 = y_0 < y_1 < y_2 < y_3 = 1,y_1 = \frac{1}{2},y_2 = \frac{3}{4}$$

的模均为$\frac{1}{2}$.

定义 5.2 设$f(x)$是定义在$[a,b]$上的一个函数,对于$[a,b]$的一个划分

$$T: a = x_0 < x_1 < x_2 < \cdots < x_{n-1} < x_n = b,$$

任取 $\xi_i \in \Delta_i, i=1,2,\cdots,n$,称和式

$$\sum_{i=1}^{n} f(\xi_i)\ \Delta x_i$$

为函数 $f(x)$ 在 $[a,b]$ 上的一个黎曼和.

显然,黎曼和既和划分 T 的选取有关,也和 ξ_i 的选取有关.

定义 5.3　设 $f(x)$ 是定义在 $[a,b]$ 上的一个函数,I 为某个给定的实数,若对任意的正数 ε,总存在一个和 ε 相关的正数 $\delta(\varepsilon)$,使得对于 $[a,b]$ 的任意划分 T 及划分出的每个小区间上任意选取的 ξ_i,当 $\| T \| < \delta(\varepsilon)$ 时,有

$$\left| \sum_{i=1}^{n} f(\xi_i)\ \Delta x_i - I \right| < \varepsilon,$$

则称函数 $f(x)$ 在 $[a,b]$ 上(黎曼)可积,此时实数 I 称为函数 $f(x)$ 在 $[a,b]$ 上的定积分(值),并记作为

$$I = \int_a^b f(x)\,\mathrm{d}x,$$

其中,$f(x)$ 称为被积函数;x 称为被积变量;$[a,b]$ 称为被积区间;a,b 分别称为这个定积分的积分下限和积分上限.

注 5.2　可将定积分的 ε-δ 语言转化为极限表述

$$I = \lim_{\| T \| \to 0} \sum_{i=1}^{n} f(\xi_i)\ \Delta x_i = \int_a^b f(x)\,\mathrm{d}x$$

但是,不同于函数极限 $\lim\limits_{x \to x_0} f(x)$,此时由于不同的划分 T 可能有相同的 $\| T \|$,因此上述表达复杂很多;反过来,如果在知道函数 $f(x)$ 在 $[a,b]$ 上可积的前提下,可采用某种"特殊"的划分和 $\{\xi_i\}$ 来计算该积分值,这一点类似于数列与其子列之间极限的关系(见习题).

注 5.3　当函数 $f(x)$ 在 $[a,b]$ 上不可积时,我们仍有符号 $\int_a^b f(x)\,\mathrm{d}x$,但是此时该符号不代表一个实数.

注 5.4　定积分作为黎曼和的极限,只与被积函数 $f(x)$ 和闭区间 $[a,b]$ 有关,与积分变量的选取无关,即:将被积变量 x 换成其他任意的符号 u,有

$$\int_a^b f(x)\,\mathrm{d}x = \int_a^b f(u)\,\mathrm{d}u.$$

注 5.5　在定积分 $I = \int_a^b f(x)\,\mathrm{d}x$ 中当 $a = b$ 时,此时理解为一个定义于长度为 0 的闭区间 $[a,a]$ 上的函数. 此时不管怎样的划分 T,可以得知黎曼和 $\sum\limits_{i=1}^{n} f(\xi_i)\ \Delta x_i$ 一定为 0,从而由注 5.2 可知此时有

$$\int_a^a f(x)\,\mathrm{d}x = 0.$$

注 5.6　容易验证:定义在闭区间 $[a,b]$ 上的常值函数 c 一定可积,且有

$$\int_a^b c\mathrm{d}x = c(b - a).$$

性质 5.1　设 $f(x), g(x)$ 为闭区间 $[a,b]$ 上的两个可积函数且

$$f(x) \leqslant g(x),\ \forall x \in [a,b].$$

对于$[a,b]$的任意划分

$$T: a = x_0 < x_1 < x_2 < \cdots < x_{n-1} < x_n = b,$$

及任意 $\xi_i \in \Delta_i, i=1,2,\cdots,n$,有

$$\lim_{\|T\| \to 0} \sum_{i=1}^{n} f(\xi_i)\Delta x_i \leqslant \lim_{\|T\| \to 0} \sum_{i=1}^{n} g(\xi_i)\Delta x_i,$$

从而有不等式

$$\int_a^b f(x)\,\mathrm{d}x \leqslant \int_a^b g(x)\,\mathrm{d}x.$$

证明: 因为函数$f(x)$,$g(x)$为闭区间$[a,b]$上的两个可积,记积分分别为I,J. 则可知对于任意的正数 ε,总存在和 ε 相关的正数 $\delta_1(\varepsilon)$,$\delta_2(\varepsilon)$,使得对于$[a,b]$的任意划分

$$T_I: a = w_0 < w_1 < w_2 < \cdots < w_{k-1} < w_k = b,$$

$$T_J: a = u_0 < u_1 < u_2 < \cdots < u_{m-1} < u_m = b$$

及划分出的每个小区间上任意选取的 ζ_i,η_j,当 $\|T_I\| < \delta_1(\varepsilon)$和 $\|T_J\| < \delta_2(\varepsilon)$时,分别有

$$\left| \sum_{i=1}^{k} f(\zeta_i)\Delta w_i - I \right| < \frac{\varepsilon}{2},$$

和

$$\left| \sum_{j=1}^{m} g(\eta_i)\Delta u_i - J \right| < \frac{\varepsilon}{2}.$$

取 $\delta(\varepsilon) = \min(\delta_1(\varepsilon),\delta_2(\varepsilon))$,对于$[a,b]$的任意划分

$$T: a = x_0 < x_1 < x_2 < \cdots < x_{n-1} < x_n = b,$$

及任意 $\xi_i \in \Delta_i, i=1,2,\cdots,n$,当 $\|T\| < \delta(\varepsilon)$ 时,则有

$$\left| \sum_{i=1}^{n} f(\xi_i)\Delta x_i - I \right| < \frac{\varepsilon}{2},$$

和

$$\left| \sum_{i=1}^{n} g(\xi_i)\Delta x_i - J \right| < \frac{\varepsilon}{2}.$$

同时成立,从而结合已知条件得

$$I - \frac{\varepsilon}{2} < \sum_{i=1}^{n} f(\xi_i)\Delta x_i \leqslant \sum_{i=1}^{n} g(\xi_i)\Delta x_i < J + \frac{\varepsilon}{2}.$$

也即对于任意的正数 ε,$I<J+\varepsilon$ 成立,得出 $I \leqslant J$ 成立,从而得出

$$I = \lim_{\|T\| \to 0} \sum_{i=1}^{n} f(\xi_i)\Delta x_i \leqslant \lim_{\|T\| \to 0} \sum_{i=1}^{n} g(\xi_i)\Delta x_i = J.$$

注 5.7　这一积分不等式常可以用来对积分作估计.

例 5.1　已知 e^{x^2} 在$[0,1]$上可积,证明不等式:

$$1 \leqslant \int_0^1 \mathrm{e}^{x^2}\,\mathrm{d}x \leqslant \mathrm{e}.$$

证明:因为 e^{x^2} 在$[0,1]$上单调增加,从而取值范围是$[1,\mathrm{e}]$,则有

$$\int_0^1 1\,\mathrm{d}x \leqslant \int_0^1 \mathrm{e}^{x^2}\,\mathrm{d}x \leqslant \int_0^1 \mathrm{e}\,\mathrm{d}x,$$

即有

$$1 \leqslant \int_0^1 e^{x^2} dx \leqslant e.$$

性质 5.2 设$f(x)$,$g(x)$和$h(x)$为闭区间$[a,b]$上的三个函数,其中$f(x)$,$h(x)$在$[a,b]$上可积,$f(x) \leqslant g(x) \leqslant h(x)$,$x \in [a,b]$,且有$\int_a^b f(x)dx = \int_a^b h(x)dx$,则对于$[a,b]$的任意划分

$$T: a = x_0 < x_1 < x_2 < \cdots < x_{n-1} < x_n = b,$$

及任意$\xi_i \in \Delta_i$,$i=1,2,\cdots,n$,有

$$\lim_{\|T\| \to 0} \sum_{i=1}^n f(\xi_i)\Delta x_i \leqslant \lim_{\|T\| \to 0} \sum_{i=1}^n g(\xi_i)\Delta x_i \leqslant \lim_{\|T\| \to 0} \sum_{i=1}^n h(\xi_i)\Delta x_i.$$

从而$g(x)$在$[a,b]$上可积,且

$$\int_a^b f(x)dx = \int_a^b g(x)dx = \int_a^b h(x)dx.$$

证明:因为函数$f(x)$,$h(x)$为闭区间$[a,b]$上的两个可积,且有$\int_a^b f(x)dx = \int_a^b h(x)dx$,记该积分为$I$.则可知对于任意的正数$\varepsilon$,总存在和$I$,$\varepsilon$相关的正数$\delta_1(\varepsilon)$,$\delta_2(\varepsilon)$,使得对于$[a,b]$的任意划分

$$T_1: a = w_0 < w_1 < w_2 < \cdots < w_{k-1} < w_k = b,$$
$$T_2: a = u_0 < u_1 < u_2 < \cdots < u_{m-1} < u_m = b$$

及划分出的每个小区间上任意选取的ξ_s,η_j,$s=1,\cdots,k$,$j=1,\cdots,m$,当$\|T_1\| < \delta_1(\varepsilon)$和$\|T_2\| < \delta_2(\varepsilon)$时,分别有

$$\left| \sum_{s=1}^k f(\xi_s)\Delta w_s - I \right| < \varepsilon,$$

和

$$\left| \sum_{j=1}^m h(\eta_j)\Delta u_j - I \right| < \varepsilon.$$

取$\delta(\varepsilon) = \min(\delta_1(\varepsilon), \delta_2(\varepsilon))$,对于$[a,b]$的任意划分

$$T: a = x_0 < x_1 < x_2 < \cdots < x_{n-1} < x_n = b,$$

及任意$\xi_i \in \Delta_i$,$i=1,2,\cdots,n$,当$\|T\| < \delta(\varepsilon)$时,则有

$$\left| \sum_{i=1}^n f(\xi_i)\Delta x_i - I \right| < \varepsilon,$$

和

$$\left| \sum_{i=1}^n h(\xi_i)\Delta x_i - J \right| < \varepsilon.$$

同时成立.从而由已知条件得

$$I - \varepsilon < \sum_{i=1}^n f(\xi_i)\Delta x_i \leqslant \sum_{i=1}^n g(\xi_i)\Delta x_i \leqslant \sum_{i=1}^n h(\xi_i)\Delta x_i < I + \varepsilon.$$

即有

$$\left| \sum_{i=1}^n g(\xi_i)\Delta x_i - I \right| < \varepsilon,$$

于是$g(x)$在$[a,b]$上可积,且

$$I = \int_a^b f(x)dx = \int_a^b g(x)dx = \int_a^b h(x)dx.$$

当然有

$$\lim_{\|T\|\to 0}\sum_{i=1}^{n} f(\xi_i)\ \Delta x_i \leqslant \lim_{\|T\|\to 0}\sum_{i=1}^{n} g(\xi_i)\ \Delta x_i \leqslant \lim_{\|T\|\to 0}\sum_{i=1}^{n} h(\xi_i)\ \Delta x_i.$$

证毕.

注 5.8　此处若缺少了条件 $\int_a^b f(x)\,\mathrm{d}x = \int_a^b h(x)\,\mathrm{d}x$，推不出 $g(x)$ 在 $[a,b]$ 上可积.

5.1.2　可积条件

5.1.2.1　可积的必要条件

定理 5.1　若函数 $f(x)$ 在 $[a,b]$ 上可积，则 $f(x)$ 在 $[a,b]$ 上必有界.

证明：利用反证法. 若此时 $f(x)$ 在 $[a,b]$ 上无界，则对于 $[a,b]$ 的任意划分

$$T:\Delta_1,\Delta_2,\cdots,\Delta_n,$$

必存在某个小区间 Δ_{i0}，使得 $f(x)$ 在 Δ_{i0} 上无界. 在所有 $i\neq i_0$ 的其余每个小区间 Δ_i 上各任取 ξ_i，并作和

$$S = \left|\sum_{i=1,i\neq i_0}^{n} f(\xi_i)\ \Delta x_i\right|.$$

由于 $f(x)$ 在 Δ_{i0} 上无界，则对于任意大的正数 M，存在 $\xi_{i0}\in\Delta_{i0}$，使得

$$\left|f(\xi_{i0})\right| > \frac{M+S}{\Delta x_{i0}},$$

从而

$$\left|\sum_{i=1}^{n} f(\xi_i)\ \Delta x_i\right| \geq \left|f(\xi_{i0})\Delta x_{i0}\right| - \left|\sum_{i=1,i\neq i_0}^{n} f(\xi_i)\ \Delta x_i\right| > \frac{M+S}{\Delta x_{i0}}\Delta x_{i0} - S = M.$$

从而可知对于任意小的 $\|T\|$，按照上述方式在每个 Δ_i 选取 ξ_i，总能使得所得的黎曼和的绝对值大于预先给的任意正数 M，这与从 $f(x)$ 在 $[a,b]$ 上可积可推出当 $\|T\|$ 充分小时得出黎曼和有界相矛盾，证毕.

例 5.2　讨论狄利克雷函数

$$D(x)=\begin{cases}1, & \text{当 } x \text{ 为}[0,1]\text{ 中的有理数时}\\ 0, & \text{当 } x \text{ 为}[0,1]\text{ 中的无理数时}\end{cases}$$

很明显，$D(x)$ 在 $[0,1]$ 上满足 $|D(x)|\leqslant 1$，从而有界. 但是，$D(x)$ 在 $[0,1]$ 上不可积，现在考虑对 $[0,1]$ 的划分：

$$T:0=x_0<x_1<x_2<\cdots<x_{n-1}<x_n=1,$$

其中 $x_i=\frac{i}{n}$，$0\leqslant i\leqslant n$，再分别考虑两组不同的 ξ_i，$1\leqslant i\leqslant n$. 第一种取法为：$\xi_i=\frac{i-1}{n}+\frac{1}{2n}$；第二种取法为：$\xi_i=\frac{i-1}{n}+\frac{1}{2n\sqrt{2}}$. 从而得知对于划分 T 及第一组 ξ_i，黎曼和为

$$\sum_{i=1}^{n} D(\xi_i)\ \Delta x_i = \sum_{i=1}^{n} D\left(\frac{i-1}{n}+\frac{1}{2n}\right)\frac{1}{n} = \sum_{i=1}^{n} 1\times\frac{1}{n} = 1;$$

而对于划分 T 及第二组 ξ_i，黎曼和为

$$\sum_{i=1}^{n} D(\xi_i)\ \Delta x_i = \sum_{i=1}^{n} D\left(\frac{i-1}{n}+\frac{1}{2n\sqrt{2}}\right)\frac{1}{n} = \sum_{i=1}^{n} 0\times\frac{1}{n} = 0.$$

从而可知,当 $n\to\infty$ 时,两个不同的黎曼和分别趋向于 0,1,而不是同一个数,因此 $D(x)$ 在 $[0,1]$ 上不可积.

5.1.2.2　可积的充要条件

从上面可知,要想利用定义直接来证明闭区间上的函数可积,则首先要找到一个适当的实数 I. 但是一般情况下,I 不容易找出. 而函数可积的必要条件,只能推出闭区间上的无界函数不可积. 下面即将给出的可积准则只与被积函数本身有关,而无须预先找到实数 I.

定义 5.4　设函数 $f(x)$ 是一个定义在闭区间 $[a,b]$ 上的有界函数,

$$T: a = x_0 < x_1 < x_2 < \cdots < x_{n-1} < x_n = b$$

为对 $[a,b]$ 的任意划分,在每个闭子区间 $[x_{i-1},x_i]$ 上,记

$$M_i = \sup_{x\in[x_{i-1},x_i]} f(x),\ m_i = \inf_{x\in[x_{i-1},x_i]} f(x),\ 1 \leqslant i \leqslant n.$$

作和

$$S(T) = \sum_{i=1}^{n} M_i \Delta x_i,\ s(T) = \sum_{i=1}^{n} m_i \Delta x_i,$$

则将 $S(T)$ 和 $s(T)$ 分别称为函数 $f(x)$ 在闭区间 $[a,b]$ 上关于划分 T 的(达布)上和与(达布)下和(统称为达布和).

注 5.9　由达布和的定义可知,在每个闭子区间 $[x_{i-1},x_i]$ 中任取一点 ξ_i,有不等式

$$s(T) \leqslant \sum_{i=1}^{n} f(\xi_i)\Delta x_i \leqslant S(T).$$

注 5.10　达布和只与划分 T 有关,与点集 $\{\xi_i\}$ 无关.

性质 5.3　对 $[a,b]$ 的同一个划分 T, $S(T)$ 与 $s(T)$ 分别是所有的黎曼和的上确界和下确界.

证明:设 $[a,b]$ 划分 T 为

$$T: a = x_0 < x_1 < x_2 < \cdots < x_{n-1} < x_n = b,$$

在划分出的每个小区间 Δ_i, $1\leqslant i\leqslant n$ 上任取 ξ_i,容易得出黎曼和满足关系

$$s(T) \leqslant \sum_{i=1}^{n} f(\xi_i)\Delta x_i \leqslant S(T).$$

从而得知 $s(T)$ 和 $S(T)$ 可分别为黎曼和 $\sum\limits_{i=1}^{n} f(\xi_i)\Delta x_i$ 的一个上界和下界,现在再来证明 $s(T)$ 和 $S(T)$ 可分别为黎曼和 $\sum\limits_{i=1}^{n} f(\xi_i)\Delta x_i$ 的最小的上界和最大的下界. 证明其中一情形即可,比如要证明 $s(T)$ 为黎曼和 $\sum\limits_{i=1}^{n} f(\xi_i)\Delta x_i$ 的最大的下界,证明如下:对于任意正数 ε,由于函数 $f(x)$ 在每个小区间 Δ_i, $1\leqslant i\leqslant n$ 上的下确界为 m_i,从而可知在每个 Δ_i 上存在 η_i,满足

$$f(\eta_i) < m_i + \frac{\varepsilon}{b-a},$$

从而得出黎曼和

$$\sum_{i=1}^{n} f(\xi_i)\Delta x_i < \sum_{i=1}^{n}\left(m_i + \frac{\varepsilon}{b-a}\right)\Delta x_i = \sum_{i=1}^{n} m_i\Delta x_i + \sum_{i=1}^{n}\frac{\varepsilon}{b-a}\Delta x_i = s(T) + \varepsilon.$$

此即说明 $s(T)$ 为黎曼和 $\sum\limits_{i=1}^{n} f(\xi_i)\Delta x_i$ 的最大的下界,证毕.

性质 5.4　若对$[a,b]$的划分 T 添加 p 个新的划分点,得到的划分记为 T',则有不等式

$$S(T) \geq S(T') \geq S(T) - (M-m)p\|T\|$$

和

$$s(T) \leqslant s(T') \leqslant S(T) + (M-m)p\|T\|$$

同时成立,其中

$$M = \sup_{x\in[a,b]} f(x), m = \inf_{x\in[a,b]} f(x).$$

证明:只证明第一个不等式即可. 不妨设$[a,b]$划分 T 为

$$T: a = x_0 < x_1 < x_2 < \cdots < x_{n-1} < x_n = b,$$

若以符号 $\Delta_i, 1\leqslant i\leqslant n$ 表示划分 T 的小区间,由 T'的构造可知,每个新的划分点必位于某个 Δ_i 中,若将这 p 个新的划分点从小到大依次记作 $y_1,\cdots,y_p$,并且位于每个小区间 Δ_i 中新的划分点的个数记作 k_i,这 k_i 个新点从小到大依次记作 $y_{i_1},\cdots,y_{i_{ki}}$ $\left(\text{注意}: k_i \text{ 可以为 } 0, \text{并且有 } \sum\limits_{i=1}^{n} k_i = p\right)$,则原来的小区间 Δ_i,被划分成 k_i+1 个子区间,若记函数 $f(x)$在这新的 k_i+1 个子区间

$$[x_{i-1}, y_{i_1}], [y_{i_1}, y_{i_2}], \cdots, [y_{i_{k_i}}, x_i]$$

上的上、下确界分别为 $M'_{i1},\cdots,M'_{i_{k_i+1}}$ 和 $m'_{i1},\cdots,m'_{i_{k_i+1}}$,从而 $M'_{i1},\cdots,M'_{i_{k_i+1}}$ 均不超过 M_i 且 $m'_{i1},\cdots,m'_{i_{k_i+1}}$ 均不小于 m_i,于是有

$$\begin{aligned}
&M'_{i_1}(y_{i1} - x_{i-1}) + \sum_{j=2}^{k_i} M'_{i_j}(y_{i_j} - y_{i_{j-1}}) + M'_{i_{k_i+1}}(x_i - y_{i_{k_i}}) \\
&\leqslant M_i(y_{i1} - x_{i-1}) + \sum_{j=2}^{k_i} M_i(y_{i_j} - y_{i_{j-1}}) + M_i(x_i - y_{i_{k_i}}) \\
&= M_i \Delta x_i
\end{aligned}$$

若 $k_i=0$ 时,在 Δ_i 中没有新的划分点,则此式中所有不等号变成等号,两边关于 i 求和,从而可知添加 p 个新的划分点后的划分 T'的达布上和 $S(T')$不超过划分 T 的达布上和 $S(T)$.

另一方面,从上述过程可知:

$$\begin{aligned}
&M_i\Delta x_i - \left(M'_{i_1}(y_{i_1} - x_{i-1}) + \sum_{j=2}^{k_i} M'_{i_j}(y_{i_j} - y_{i_{j-1}}) + M'_{i_{k_i+1}}(x_i - y_{i_{k_i}})\right) \\
&= M_i(y_{i_1} - x_{i-1}) + \sum_{j=2}^{k_i} M_i(y_{i_j} - y_{i_{j-1}}) + M'_{i_{k_i+1}}(x_i - y_{i_{k_i}}) - \Big(M'_{i_1}(y_{i_1} - x_{i-1}) + \\
&\sum_{j=2}^{k_i} M'_{i_j}(y_{i_j} - y_{i_{j-1}}) + M'_{i_{k_i+1}}(x_i - y_{i_{k_i}})\Big) \\
&= (M_i - M'_{i_1})(y_{i_1} - x_{i-1}) + \sum_{j=2}^{k_i}(M_i - M'_{i_j})(y_{i_j} - y_{i_{j-1}}) + (M_i - M'_{i_{k_i+1}})(x_i - y_{i_{k_i}}) \\
&\leqslant (M_i - m'_{i_1})(y_{i_1} - x_{i-1}) + \sum_{j=2}^{k_i}(M_i - m'_{i_j})(y_{i_j} - y_{i_{j-1}}) + (M_i - m'_{i_{k_i+1}})(x_i - y_{i_{k_i}})
\end{aligned}$$

$$\leqslant (M_i - m_i)(y_{i_1} - x_{i-1}) + \sum_{j=2}^{k_i}(M_i - m_i)(y_{i_j} - y_{i_{j-1}}) + (M_i - m_i)(x_i - y_{i_{k_i}})$$

$$= (M_i - m_i)\Delta x_i \leqslant (M_i - m_i)k_i\Delta x_i.$$

对上述不等式两边关于 i 求和,可以得出

$$S(T) - S(T') \leqslant \sum_{i=1}^{n}(M_i - m_i)k_i\Delta x_i \leqslant \sum_{i=1}^{n}(M - m)k_i \| T \|$$

$$= (M - m) \| T \| \sum_{i=1}^{n} k_i = (M - m)p \| T \| .$$

证毕.

注 5.11 实际上,在上述性质中,新添加的划分点中一些点即使是原来 T 的划分点,两个不等式中的第一部分仍然成立.

注 5.12 由注 5.11,可以马上得出:对于$[a,b]$的任意两个划分 T,T',必有 $s(T) \leqslant S(T')$.

注 5.13 由注 5.12 可知:$[a,b]$的所有划分的达布上和、达布下和构成的两个数集分别有下界和上界,从而分别有下确界和上确界,记作:$S=\inf\limits_{T} S(T)$ 和 $S=\sup\limits_{T} S(T)$.

性质 5.5 $S= \lim\limits_{\| T \| \to 0} S(T)$,且 $s= \lim\limits_{\| T \| \to 0} s(T)$.

证明:下面只证明第二个极限,第一个极限留作练习.

由性质 5.4 的注 5.13,$s= \lim\limits_{\| T \| \to 0} s(T)$,从而对于任意的正数 ε,存在划分 T_0,满足

$$s - \frac{\varepsilon}{2} < s(T_0) < s$$

记 T_0 的分点个数为 p,对于任意一个划分 T_1,若将两个划分合并(即可以看成在划分 T_1 的基础上加入 T_0的分点,或者看成在划分 T_0 的基础上加入 T_1 的分点,证明过程采用第一种方式来看),记为划分 T,易知 T 至多比 T_1多 p 个分点,从而利用性质 5.4 可知

$$s(T_0) \leqslant s(T) \leqslant s(T_1) + (M - m)p \| T_1 \| ,$$

从而

$$s(T_0) - (M - m)p \| T_1 \| \leqslant s(T_1) .$$

现取 $\delta=\dfrac{\varepsilon}{2(M-m)p}$,可知当 $\| T_1 \| <\delta$ 时,

$$s - \varepsilon < s(T_0) - (M - m)p \| T_1 \| \leqslant s(T_1) < s < s + \varepsilon,$$

此即为

$$s = \lim_{\| T \| \to 0} S(T).$$

证毕.

定理 5.2 (可积第一准则)函数$f(x)$在闭区间$[a,b]$上可积的充要条件是:$S=s$.

证明:必要性. 若$f(x)$在闭区间$[a,b]$上可积,由定义的极限描述可知:存在实数 I,对任意的正数 ε,存在 $\delta(\varepsilon)$,使得对于任意划划分

$$T: a = x_0 < x_1 < x_2 < \cdots < x_{n-1} < x_n = b.$$

任取 $\xi_i \in \Delta_i$,$i=1,2,\cdots,n$,当 $\| T \| <\delta(I,\varepsilon)$ 时,

$$\left|\sum_{i=1}^{n} f(\xi_i)\Delta x_i - I\right| < \varepsilon,$$

对此不等式关于$\{\xi_i\}$分别取上下确界,利用性质5.3可知

$$I - 2\varepsilon < I - \varepsilon < \sum_{i=1}^{n} f(\xi_i)\Delta x_i \leqslant S(T)$$

与

$$s(T) \leqslant \sum_{i=1}^{n} f(\xi_i)\Delta x_i < I + \varepsilon < I + 2\varepsilon$$

同时成立,即有

$$I - 2\varepsilon < S(T)$$

与

$$s(T) < I + 2\varepsilon$$

同时成立.再利用性质5.3,存在$\xi_i^{(1)}$与$\xi_i^{(2)}$,使得

$$S(T) - \varepsilon < \sum_{i=1}^{n} f(\xi_i^{(1)})\Delta x_i < I + \varepsilon$$

与

$$I - \varepsilon < \sum_{i=1}^{n} f(\xi_i^{(1)})\Delta x_i < s(T) + \varepsilon$$

同时成立,从而可知

$$|S(T) - I| < 2\varepsilon$$

与

$$|s(T) - I| < 2\varepsilon,$$

这即是$s=I=S$.

充分性:若$s=S$成立,利用性质5.5,知对任意的正数ε,存在正数$\delta(\varepsilon)$,对任意划分

$$T: a = x_0 < x_1 < x_2 < \cdots < x_{n-1} < x_n = b,$$

当$\|T\|<\delta(\varepsilon)$时,不等式

$$|S(T) - s| < \varepsilon$$

与

$$|s(T) - s| < \varepsilon$$

同时成立.而利用性质5.3,任取$\xi_i \in \Delta_i, i=1,2,\cdots,n$,均有

$$s(T) \leqslant \sum_{i=1}^{n} f(\xi_i)\Delta x_i \leqslant S(T),$$

从而可以得出

$$-\varepsilon < s(T) - s \leqslant \sum_{i=1}^{n} f(\xi_i)\Delta x_i - s \leqslant S(T) - s < \varepsilon,$$

此即

$$\left|\sum_{i=1}^{n} f(\xi_i)\Delta x_i - s\right| < \varepsilon$$

从而得知$f(x)$在闭区间$[a,b]$上可积,证毕.

定理 5.3 （可积第二准则）函数$f(x)$在闭区间$[a,b]$上可积的充要条件是：对于任意正数ε，总存在划分T，使得

$$S(T)-s(T)<\varepsilon.$$

证明：必要性. 若函数$f(x)$在闭区间$[a,b]$上可积，利用可积第一准则知$S=s$. 又从性质5.5得知对于任意正数ε，存在正数$\delta(\varepsilon)$，对于任意的划分T，当$\|T\|<\delta(\varepsilon)$时，

$$|S(T)-S|<\frac{\varepsilon}{2}$$

与

$$|s(T)-s|<\frac{\varepsilon}{2}$$

同时成立，得

$$S(T)<S+\frac{\varepsilon}{2}$$

与

$$s(T)>s-\frac{\varepsilon}{2}$$

同时成立. 从而有

$$S(T)-s(T)<\varepsilon.$$

充分性. 若对于任意正数ε，总存在划分T，使得

$$S(T)-s(T)<\varepsilon.$$

又根据性质5.4注5.13可知，$S(T)\geqslant S$与$s(T)\leqslant s$同时成立. 从而得出

$$S-s\leqslant S(T)-s(T)<\varepsilon.$$

由ε的任意性得出$S\leqslant s$. 另一方面利用性质5.5，存在正数$\delta(\varepsilon)$，对于任意的划分T_1，当$\|T_1\|<\delta(\varepsilon)$时，

$$|S(T_1)-S|<\varepsilon$$

与

$$|s(T_1)-s|<\varepsilon$$

同时成立，得

$$s-\varepsilon<s(T_1)\leqslant S(T_1)<S+\varepsilon.$$

于是

$$s<S+2\varepsilon.$$

再由ε的任意性得出$s\leqslant S$，综上得出$S=s$，利用可积第一准则的充分性得证，证毕.

定理 5.4 （可积第三准则）函数$f(x)$在闭区间$[a,b]$上可积的充要条件是：对于任意正数ε,η，总存在划分T（实际上，T与ε,η均有关），使得满足$\omega_{i'}=M_{i'}-m_{i'}\geqslant\varepsilon$的那些小区间$\Delta_{i'}$长度之和小于$\eta$.

证明：先证明必要性. 若函数$f(x)$在闭区间$[a,b]$上可积，利用可积的第二准则：对于任意正数ε,η，总存在划分

$$T:a=x_0<x_1<x_2<\cdots<x_{n-1}<x_n=b,$$

使得

$$S(T)-s(T)<\varepsilon\eta.$$

又因为

$$S(T)-s(T)=\sum_{i=1}^{n}(M_i-m_i)\Delta x_i \geqslant \sum_{i'}(M_{i'}-m_{i'})\Delta x_{i'},$$

后者是将第二项中满足 $\omega_{i'}=M_{i'}-m_{i'}\geqslant\varepsilon$ 的部分挑出，从而可知

$$\varepsilon\sum_{i'}\Delta x_{i'} \leqslant \sum_{i'}(M_{i'}-m_{i'})x_{i'} \leqslant S(T)-s(T)<\varepsilon\eta.$$

从而

$$\sum_{i'}\Delta x_{i'}<\eta.$$

充分性. 若对于任意正数 ε,η，总存在划分

$$T: a=x_0<x_1<x_2<\cdots<x_{n-1}<x_n=b,$$

使得满足 $\omega_{i'}=M_{i'}-m_{i'}\geqslant\varepsilon$ 的那些小区间 $\Delta_{i'}$ 长度之和小于 η，从而

$$\begin{aligned}S(T)-s(T)&=\sum_{i=1}^{n}(M_i-m_i)\Delta x_i\\&=\sum_{i\neq i'}(M_i-m_i)\Delta x_i+\sum_{i'}(M_{i'}-m_{i'})\Delta x_{i'}\\&\leqslant\sum_{i\neq i'}\varepsilon\Delta x_i+\sum_{i'}(M_{i'}-m_{i'})\Delta x_{i'}\\&\leqslant\varepsilon\sum_{i\neq i'}\Delta x_i+(M-m)\sum_{i'}\Delta x_{i'}\\&<\varepsilon(b-a)+(M-m)\eta\end{aligned}$$

从而利用可积的第二准则得出此时函数 $f(x)$ 在闭区间 $[a,b]$ 上可积. 证毕.

5.1.2.3　可积的充分条件

定理 5.5　闭区间上的连续函数一定可积.

证明：设函数 $f(x)$ 在闭区间 $[a,b]$ 上连续，从而一致连续，则对于任意正数 ε，存在正数 $\delta(\varepsilon)$，对于任意 $x_1,x_2\in[a,b]$，当 $|x_1-x_2|<\delta(\varepsilon)$ 时，有

$$|f(x_1)-f(x_2)|<\frac{\varepsilon}{2}.$$

现考虑对闭区间 $[a,b]$ 的划分

$$T: a=x_0<x_1<x_2<\cdots<x_{n-1}<x_n=b,$$

满足 $\|T\|<\dfrac{\delta(\varepsilon)}{2}$，从而此时可知对于每个 $i=1,\cdots,n$，

$$M_i-m_i=\max_{x_1,x_2\in\Delta_i}|f(x_1)-f(x_2)|\leqslant\frac{\varepsilon}{2}<\varepsilon,$$

从而

$$S(T)-s(T)=\sum_{i=1}^{n}(M_i-m_i)\Delta x_i<\varepsilon\sum_{i=1}^{n}\Delta x_i=(b-a)\varepsilon,$$

再利用可积第二准则得证.

定理 5.6　闭区间上只有有限个间断点的有界函数一定可积.

证明：设函数 $f(x)$ 在闭区间 $[a,b]$ 上仅有的有限个间断点从小到大依次记为：$y_1,\cdots,y_m$，则 $f(x)$ 在闭区间 $[a,b]$ 其他点处连续. 对于任意正数 ε,η，构造 $[a,b]$ 的划分 T 如下：首先取

$$r=\min\left\{\frac{\eta}{4m},\frac{y_1-a}{4},\frac{y_2-y_1}{4},\cdots,\frac{y_m-y_{m-1}}{4},\frac{b-y_m}{4}\right\},$$

则得 m 个互不相交的闭子区间

$$[y_1-r,y_1+r],\cdots,[y_m-r,y_m+r],$$

以及闭子区间

$$[a,y_1-r],[y_1+r,y_2-r],\cdots,[y_{m-1}+r,y_m-r],[y_m+r,b].$$

由于$f(x)$在后者中的每一个闭子区间上连续,从而一致连续,存在正数

$$\delta_1(\varepsilon),\delta_2(\varepsilon),\cdots,\delta_m(\varepsilon),\delta_{m+1}(\varepsilon),$$

使得对于任意

$$x_1,x_2\in[a,y_1-r]([y_1+r,y_2-r],\cdots,[y_{m-1}+r,y_{m-r}],[y_m+r,b]),$$

且当

$$|x_1-x_2|<\delta_1(\varepsilon)(\delta_2(\varepsilon),\cdots,\delta_m(\varepsilon),\delta_{m+1}(\varepsilon))$$

时,均有

$$|f(x_1)-f(x_2)|<\frac{\varepsilon}{2}.$$

取

$$\delta(\varepsilon)=\min\{\delta_1(\varepsilon),\delta_2(\varepsilon),\cdots,\delta_m(\varepsilon),\delta_{m+1}(\varepsilon)\},$$

分别往闭子区间

$$[a,y_1-r],[y_1+r,y_2-r],\cdots,[y_{m-1}+r,y_m-r],[y_m+r,b]$$

中添加不与端点重复的新分点:

$$z_1,\cdots,z_{l_0};z_{l_0+1},\cdots,z_{l_1},\cdots,z_{l_m+1},\cdots,z_{l_{m+1}},$$

满足对

$$[a,y_1-r],[y_1+r,y_2-r],\cdots,[y_{m-1}+r,y_m-r],[y_m+r,b]$$

划分出的闭子区间最大长度不超过 $\delta(\varepsilon)$,则在这些闭子区间上的上下确界之差不超过$\frac{\varepsilon}{2}$,从而都小于 ε. 综上所得的划分

$$T:a<z_1<\cdots<z_{l_0}<y_1-r<y_1+r<z_{l_0+1}<\cdots$$
$$<z_{l_1}<,\cdots,y_m-r<y_m+r<z_{l_m}+1<\cdots<z_{l_m+1}<b,$$

使得上下确界之差大于等于 ε 的小区间只可能出现在

$$[y_1-r,y_1+r],\cdots,[y_m-r,y_m+r]$$

中,而这些小区间的长度之和为 $2mr$,不超过

$$2m\frac{\eta}{4m}=\frac{\eta}{2}<\eta,$$

从而由可积的第三准则得证,证毕.

定理 5.7 闭区间上的单调有界函数一定可积.

证明:不妨设函数$f(x)$在闭区间$[a,b]$上单增且有界,则其下界和上界可分别为$f(a)$,$f(b)$,对于任意正数 ε,对$[a,b]$作划分

$$T:a=x_0<x_1<x_2<\cdots<x_{n-1}<x_n=b,$$

满足 $\|T\|<\varepsilon$,从而可以得出

$$S(T)-s(T)=\sum_{i=1}^{n}(M_i-m_i)\Delta x_i<\sum_{i=1}^{n}(M_i-m_i)\|T\|$$

$$<\varepsilon\sum_{i=1}^{n}(M_i-m_i)=\varepsilon(f(b)-f(a)).$$

最后一个等号根据$f(x)$单增得出,再利用可积第二准则得证,证毕.

例5.3　求证:函数

$$f(x)=\begin{cases}0, & x=0,\\ \dfrac{1}{n}, & \dfrac{1}{n+1}<x\leqslant\dfrac{1}{n},n\in\mathbb{N}^*,x=0,\end{cases}$$

在[0,1]上可积.

证明:因为$f(x)$在[0,1]上的第一类间断点有无限多个,从而不能用定理5.6直接证明,现给出三种方法来验证可积性.

方法一:因为这个函数在[0,1]上单调有界,从而由定理5.7马上得出其在[0,1]上可积.

方法二:因为间断点为$x=\dfrac{1}{n},n=2,3,\cdots$,可知其有极限为0,则对于任意的正数$\varepsilon$,则存在正整数$n_0(\varepsilon)$,当$n>n_0(\varepsilon)$时,有$\dfrac{1}{n}<\varepsilon$成立,取闭区间$[0,c]$,$\left(\dfrac{1}{n_0(\varepsilon)+2}<c<\dfrac{1}{n_0(\varepsilon)+1}\right)$,利用函数$f(x)$定义,可知此时在$[0,c]$上,

$$0\leqslant f(x)\leqslant\frac{1}{n_0(\varepsilon)+1}<\varepsilon.$$

而在闭区间$[c,1]$上,此时仅有$x=\dfrac{1}{2},\cdots,\dfrac{1}{n_0(\varepsilon)+1}$这有限个点为间断点,从而由定理5.6函数$f(x)$限制在$[c,1]$上时,可以找到一个划分

$$T_1:0=y_0<y_1<y_2<\cdots<y_{n-1}<y_n=1,$$

使得

$$\sum_{j=1}^{l}(M_j-m_j)\Delta y_j<\varepsilon.$$

从而找到了一个对[0,1]的划分

$$T_1:0=x_0<x_1=y_0<x_2=y_1<\cdots<x_l=y_{l-1}<x_{l+1}=y_l=1,$$

使得

$$\sum_{i=1}^{l+1}(M_i-m_i)\Delta x_i<(M_1-m_1)c+\sum_{j=1}^{l}(M_j-m_j)\Delta y_i$$

$$<c\varepsilon+\varepsilon<\varepsilon+\varepsilon=2\varepsilon.$$

从而$f(x)$在[0,1]上可积.

方法三:基本思路同法二,此时因为在$[0,c]$上函数$f(x)$的上下确界之差小于ε,所以只需要在$[c,1]$上作适当的划分,使得上下确界之差不小于ε的那些小区间长度之和比预先给的任意正数η要小就行,这是可行的. 因为此时$[c,1]$上的间断点只有有限个,且都是间断点,类似于定理5.6的证明过程即可. 证毕.

例 5.4　求证:黎曼函数

$$R(x)=\begin{cases}0, & \text{当 } x=0\text{,或为}(0,1)\text{ 中无理数时},\\ \dfrac{1}{q} & \text{当 } x \text{ 为}(0,1]\text{ 中的有理数}\dfrac{p}{q}(p\geqslant q\text{ 互素})\text{ 时}.\end{cases}$$

在[0,1]上可积.

证明:这个函数不仅有无限个间断点,而且间断点也不以某一个固定的数为极限. 此时根据函数的定义,对于任意小的正数 ε 及 η,在(0,1] 之间的有理数处,

$$|R(x)|<\varepsilon$$

的点 $x=\dfrac{p}{q}$满足的条件是

$$\frac{1}{q}<\varepsilon,$$

得出

$$q>\frac{1}{\varepsilon}.$$

从而取

$$q_0(\varepsilon)=\left[\frac{1}{\varepsilon}\right]+1,$$

则当

$$q>q_0(\varepsilon)=\left[\frac{1}{\varepsilon}\right]+1$$

时

$$|R(x)|<\varepsilon.$$

那么其他分母小于等于 $q_0(\varepsilon)$的有理点的个数只能是有限个,记个数为 $N(\varepsilon)$,并将这些有理数从小到大记为:

$$r_1,\cdots,r_{N(\varepsilon)}.$$

现对[0,1]做划分 T,使得划分出的小区间的最大长度不超过$\dfrac{\eta}{2N(\varepsilon)}$,而有理点 $r_1,\cdots,r_{N(\varepsilon)}$ 必落在其中 $N(\varepsilon)$个划分出的小区间上,这些小区间上 $R(x)$ 的上下确界之差不小于 ε,但是这些小区间总长度不超过

$$N(\varepsilon)\frac{\eta}{2N(\varepsilon)}=\frac{\eta}{2}<\eta,$$

并且 $R(x)$在其他划分出的小区间上上下确界之差小于 ε,从而利用可积第三准则知黎曼函数 $R(x)$在[0,1]上可积,证毕.

例 5.5　求下列定积分.

(1) $\int_1^2 x^2\mathrm{d}x$;(2) $\int_1^2 \dfrac{1}{x}\mathrm{d}x$.

解:(1)对于 $\int_1^2 x^2\mathrm{d}x$, 因为 x^2 在[1,2]上连续,从而根据定理 5.5 知,x^2 在[1,2]上可积,利用积分的极限表述,我们只需考虑特殊的划分以及取特殊的 ξ_i 即可. 给出如下两种做法:

做法一:对[1,2]作 n 等分,且在每个划分出的小区间$\left[1+\frac{i-1}{n},1+\frac{i}{n}\right]$上,取 $\xi_i=1+\frac{i}{n}$,则知

$$\int_1^2 x^2\mathrm{d}x=\lim_{n\to\infty}\sum_{i=1}^{n}\left(1+\frac{i}{n}\right)^2\frac{1}{n}=\lim_{n\to\infty}\sum_{i=1}^{n}\left(1+\frac{2i}{n}+\frac{i^2}{n^2}\right)$$

$$=\lim_{n\to\infty}\frac{1}{n}\left(n+\frac{2}{n}\frac{n(n+1)}{2}+\frac{\frac{n(n+1)(2n+1)}{6}}{n^2}\right)$$

$$=\lim_{n\to\infty}\left(\frac{2n+1}{n}+\frac{(n+1)(2n+1)}{6n^2}\right)$$

$$=\frac{7}{3}.$$

做法二:对[1,2]作等比划分:

$$1=a<aq<aq^2<\cdots<aq^n=2,$$

容易求出 $q=\sqrt[n]{2}$,在划分出的每个小区间$[q_{i-1},q_i]$上取 $\xi_i=q_i$,因为当 $n\to\infty$时,$q=\sqrt[n]{2}\to1$,说明这种划分随着 n 增大分点之间越来越精细,划分也会越来越细密,从而

$$\int_1^2 x^2\mathrm{d}x=\lim_{n\to\infty}\sum_{i=1}^{n}(q^i)^2(q^i-q^{i-1})$$

$$=\lim_{n\to\infty}\sum_{i=1}^{n}q^i(q-1)=\lim_{n\to\infty}\frac{q^2(q^{3n}-1)}{q^2+q+1}$$

$$=\lim_{n\to\infty}7\frac{q^2}{q^2+q+1}=\frac{7}{3}.$$

(2)对于积分$\int_1^2\frac{1}{x}\mathrm{d}x$,因为$\frac{1}{x}$在[1,2]上连续,从而根据定理5.5知,$\frac{1}{x}$在[1,2]上可积,但是这个积分如果类似采用第(1)小题中的方法一,即对区间作 n 等分的话,最后求和式的极限会很麻烦(虽然利用 $\sum\limits_{i=1}^{n}\frac{1}{i}n$ 与 $\ln n$ 的关系也能算出来,有兴趣的读者不妨试试). 这里我们采用方法二:对[1,2]作等比划分:

$$1=a<aq<aq^2<\cdots<aq^n=2,$$

容易求出 $q=\sqrt[n]{2}$,在划分出的每个小区间$[q_{i-1},q_i]$上取 $\xi_i=q_i$,因为当 $n\to\infty$时,$q=\sqrt[n]{2}\to1$,从而

$$\int_1^2\frac{1}{x}\mathrm{d}x=\lim_{n\to\infty}\sum_{i=1}^{n}(q^i)^{-1}(q^i-q^{i-1})$$

$$=\lim_{n\to\infty}\frac{n(q-1)}{q}=\lim_{n\to\infty}\frac{\sqrt[n]{2}-1}{\frac{1}{n}}\times\frac{1}{\sqrt[n]{2}},$$

因为$\lim\limits_{n\to\infty}\frac{1}{\sqrt[n]{2}}=1$,以及有函数极限

$$\lim_{x\to0}\frac{2^x-1}{x}=\lim_{x\to0}\frac{2^x\ln 2}{1}=\ln 2,$$

利用海涅归结原理知$\lim\limits_{n\to\infty}\dfrac{\sqrt[n]{2}}{\dfrac{1}{n}}=\ln 2$,从而

$$\int_1^2 \frac{1}{x}\mathrm{d}x = \ln 2.$$

5.1.3 可积函数的性质

定理 5.8 (线性性质)若定义在闭区间$[a,b]$上的两个函数$f(x),g(x)$均可积,则对于任意实数k,l,知$kf(x)+lg(x)$在$[a,b]$上也可积,且

$$\int_a^b (kf(x)+lg(x))\mathrm{d}x = k\int_a^b f(x)\mathrm{d}x + l\int_a^b g(x)\mathrm{d}x.$$

证明作为习题.

定理 5.9 若定义在闭区间$[a,b]$上的两个函数$f(x),g(x)$均可积,则$f(x)g(x)$在$[a,b]$可积.

证明:因为$f(x),g(x)$均可积,得知它们均有界,即存在非负实数L_f,L_g,使得在$[a,b]$上恒有

$$|f(x)|\leqslant L_f \text{ 与 } |g(x)|\leqslant L_g,$$

且利用可积第二准则:对任意正数ε,分别存在划分

$$T_1: a=x_0<x_1<x_2<\cdots<x_{n-1}<x_n=b$$

与

$$T_2: a=y_0<y_1<y_2<\cdots<y_{l-1}<y_l=b,$$

使得

$$\sum_{i=1}^{n}(M_i^f-m_i^f)\Delta x_i<\varepsilon$$

与

$$\sum_{j=1}^{l}(M_j^g-m_j^g)\Delta y_j<\varepsilon$$

同时成立,其中M_i^f,m_i^f和M_j^g,m_j^g分别为$f(x),g(x)$在T_1,T_2划分出的小区间$[x_{i-1},x_i]$,$[y_{j-1},y_j]$上的上、下确界. 现将划分合并,记作

$$T: a=z_0<z_1<z_2<\cdots<z_{d-1}<z_d=b.$$

则利用不等式

$$\begin{aligned}|f(x')g(x')-f(x'')g(x'')| &= |f(x')g(x')-f(x')g(x'')+f(x')g(x'')-f(x'')g(x'')|\\ &\leqslant |f(x')|\,|(g(x')-g(x''))|+|(f(x')-f(x''))|\,|g(x'')|\\ &\leqslant L_f|(g(x')-g(x''))|+L_g|(f(x')-f(x''))|,\end{aligned}$$

在每个$[z_{k-1},z_k]$上取上确界,则

$$M_k^{fg}-m_k^{fg}\leqslant L_f\sup_{[z_{k-1},z_k]}|(g(x')-g(x''))|+L_g\sup_{[z_{k-1},z_k]}|(f(x')-f(x''))|,$$

从而

$$\sum_{k=1}^{d}(M_k^{fg}-m_k^{fg})\Delta z_k$$

$$\leqslant L_f\sum_{k=1}^{d}\sup_{[z_{k-1},z_k]}|(g(x')-g(x''))|\Delta z_k+L_g\sup_{[z_{k-1},z_k]}|(f(x')-f(x''))|\Delta z_k$$

$$\leqslant L_g\sum_{i=1}^{n}(M_i^f-m_i^f)\Delta x_i+L_f\sum_{j=1}^{l}(M_j^g-m_j^g)\Delta y_j\leqslant(L_f+L_g)\varepsilon,$$

则$f(x)g(x)$在$[a,b]$可积,证毕.

定理5.10　(绝对可积性)若定义在闭区间$[a,b]$上的函数$f(x)$可积,则$|f(x)|$在$[a,b]$可积,且有

$$\left|\int_a^b f(x)\mathrm{d}x\right|\leqslant\int_a^b\left|f(x)\right|\mathrm{d}x.$$

证明作为习题.

定理5.11　(区间可加性)若定义在闭区间$[a,b]$上的函数$f(x)$可积,则对于$[a,b]$的任意闭子区间$[c,d]$,$f(x)$在其上也可积. 特别地,对于任意$c\in[a,b]$,

$$\int_a^b f(x)\mathrm{d}x=\int_a^c f(x)\mathrm{d}x+\int_c^b f(x)\mathrm{d}x.$$

证明:因为在闭区间$[a,b]$上的函数$f(x)$可积,利用可积第二准则:对任意正数ε,存在划分

$$T:a=x_0<x_1<x_2<\cdots<x_{n-1}<x_n=b,$$

使得

$$\sum_{i=1}^{n}(M_i^f-m_i^f)\Delta x_i<\varepsilon.$$

对于任意闭子区间$[c,d]$,不妨设$c\in[x_{i_0},x_{i_0+1}]$,$d\in[x_{j_0},x_{j_0+1}]$ $(i_0\leqslant j_0)$,则有$[c,d]$的划分

$$T':c=y_0<y_1<y_2<\cdots<y_{l-1}<y_l=d,$$

其中,当$c<x_{i_0+1}$时,$y_1=x_{i_0+1}$;当$c=x_{i_0+1}$时,$y_1=x_{i_0+2}$;当$d>x_{j_0}$时,$y_{l-1}=x_{j_0}$;当$d=x_{j_0}$时,$y_{l-1}=x_{j_0-1}$,中间的y_j和某个x_d对应. 则

$$\sum_{j=1}^{l}(M_j^f-m_j^f)\Delta y_j\leqslant\sum_{i=i_0+1}^{j_0+1}(M_i^f-m_i^f)\Delta x_i<\varepsilon.$$

利用前半部分可知:当$f(x)$在闭区间$[a,b]$上可积时,$f(x)$在$[a,c]$和$[c,b]$上也可积,则对于$[a,c]$的任意划分

$$T_1:a=x_0<x_1<x_2<\cdots<x_{n-1}<x_n=c$$

与$[c,b]$的任意划分

$$T_2:c=y_0<y_1<y_2<\cdots<y_{m-1}<y_m=b,$$

及任意两个划分中每个小区间上任取一点构成的两组点集$\{\xi_i\}(1\leqslant i\leqslant n)$,$\{\eta_j\}(1\leqslant j\leqslant m)$,知

$$\int_a^c f(x)\mathrm{d}x=\lim_{\|T_1\|\to0}\sum_{i=1}^{n}f(\xi_i)\Delta x_i,\qquad\int_c^d f(x)\mathrm{d}x=\lim_{\|T_2\|\to0}\sum_{j=1}^{m}f(\eta_i)\ \Delta y_j;$$

将T_1与T_2合并,得到$[a,b]$的划分,记为

$$T:a=x_0<x_1<x_2<\cdots<x_{n-1}<x_n=c=y_0<y_1<y_2<\cdots<y_{m-1}<y_m=b,$$

重新记为

$$T:a=z_0<z_1<z_2<\cdots<z_{n-1}<z_n=c=z_{n+1}<z_{n+2}<z_{n+3}<\cdots<z_{n+m-1}<z_{n+m}=b,$$

每个小区间中任取的点$\zeta_k=\xi_k,1\leqslant k\leqslant n,\zeta_k=\eta_{k-n},n+1\leqslant k\leqslant n+m$,知此时

$$\begin{aligned}\int_a^b f(x)\,\mathrm{d}x &= \lim_{\|T\|\to 0}\sum_{k=1}^{n+m} f(\zeta_i)\ \Delta z_k \\ &= \lim_{\|T_1\|\to 0}\sum_{i=1}^{n} f(\xi_i)\,\Delta x_i + \lim_{\|T_2\|\to 0}\sum_{j=1}^{m} f(\eta_i)\ \Delta y_j \\ &= \int_a^c f(x)\,\mathrm{d}x + \int_c^b f(x)\,\mathrm{d}x,\end{aligned}$$

证毕.

定理 5.12 （积分第一中值定理）若$f(x)$在闭区间$[a,b]$上连续，$g(x)$在$[a,b]$上不变号且可积，则存在$\xi\in[a,b]$，使得

$$\int_a^b f(x)g(x)\,\mathrm{d}x = f(\xi)\int_a^b g(x)\,\mathrm{d}x.$$

特别地，当$g(x)\equiv 1$时，

$$\int_a^b f(x)\,\mathrm{d}x = f(\xi)(b-a).$$

证明：不妨设$g(x)$在$[a,b]$上恒正且可积，因$f(x)$在闭区间$[a,b]$上连续，则记最大、最小值分别为M,m，从而

$$m\int_a^b g(x)\,\mathrm{d}x \leqslant \int_a^b f(x)g(x)\,\mathrm{d}x \leqslant M\int_a^b g(x)\,\mathrm{d}x,$$

从而

$$m \leqslant \frac{\int_a^b f(x)g(x)\,\mathrm{d}x}{\int_a^b g(x)\,\mathrm{d}x} \leqslant M.$$

再利用闭区间上的连续函数满足介值定理，可知存在$\xi\in[a,b]$，使得

$$f(\xi) = \frac{\int_a^b f(x)g(x)\,\mathrm{d}x}{\int_a^b g(x)\,\mathrm{d}x},$$

从而

$$\int_a^b f(x)g(x)\,\mathrm{d}x = f(\xi)\int_a^b g(x)\,\mathrm{d}x.$$

定理 5.13 （积分第二中值定理）若$f(x)$在闭区间$[a,b]$上可积，$g(x)$在$[a,b]$上单调有界，则存在$\xi\in[a,b]$，使得

$$\int_a^b f(x)g(x)\,\mathrm{d}x = g(a)\int_a^\xi f(x)\,\mathrm{d}x + g(b)\int_\xi^b f(x)\,\mathrm{d}x.$$

特别地，若$g(x)$在$[a,b]$上非负有界且单增，则存在$\xi\in[a,b]$，使得

$$\int_a^b f(x)g(x)\,\mathrm{d}x = g(b)\int_\xi^b f(x)\,\mathrm{d}x;$$

若$g(x)$在$[a,b]$上非负有界且单减，则存在$\xi\in[a,b]$，使得

$$\int_a^b f(x)g(x)\,\mathrm{d}x = g(a)\int_a^\xi f(x)\,\mathrm{d}x.$$

证明：不妨设$g(x)$在$[a,b]$上单调增加（单减时取相反数代入单增的情况验证），记$\psi(x)=g(x)-g(a)$，易知$\psi(x)$在$[a,b]$上单调增加且非负有界，则

$$\int_a^b f(x)g(x)\mathrm{d}x = \int_a^b f(x)\psi(x)\mathrm{d}x + \int_a^b f(x)g(a)\mathrm{d}x = g(a)\int_a^b f(x)\mathrm{d}x + \int_a^b f(x)\psi(x)\mathrm{d}x.$$

与要证明的等式对比,只需证明存在 $\xi \in [a,b]$,使得

$$\begin{aligned}&\int_a^b f(x)\psi(x)\mathrm{d}x + \int_a^b f(x)g(a)\mathrm{d}x\\&= g(a)\int_a^b f(x)\mathrm{d}x + \int_a^b f(x)\psi(x)\mathrm{d}x\\&= g(a)\int_a^\xi f(x)\mathrm{d}x + g(b)\int_\xi^b f(x)\mathrm{d}x.\end{aligned}$$

整理即有

$$\int_a^b f(x)\psi(x)\mathrm{d}x = \psi(b)\int_a^b f(x)\mathrm{d}x.$$

下面我们来证明这个等式.

对闭区间 $[a,b]$ 作任意划分

$$T: a = x_0 < x_1 < x_2 < \cdots < x_{n-1} < x_n = b,$$

因为 $\psi(x)$ 在 $[a,b]$ 上单增有界,从而可积,从而有极限

$$\lim_{\|T\|\to 0}\sum_{i=1}^n (\psi(x_i) - \psi(x_{i-1}))\Delta x_i = 0,$$

且有等式

$$\begin{aligned}\int_a^b f(x)\psi(x)\mathrm{d}x &= \sum_{i=1}^n \int_{x_{i-1}}^{x_i} f(x)\psi(x)\mathrm{d}x\\&= \sum_{i=1}^n \int_{x_{i-1}}^{x_i} f(x)(\psi(x) - \psi(x_i))\mathrm{d}x + \sum_{i=1}^n \int_{x_{i-1}}^{x_i} f(x)\psi(x_i)\mathrm{d}x,\end{aligned}$$

对于第一部分,由于 $f(x)$ 在 $[a,b]$ 上可积,从而有界,则存在非负实数 M,使得 $|f(x)| \leqslant M$ 在 $[a,b]$ 上恒成立,则

$$\begin{aligned}&\left|\sum_{i=1}^n \int_{x_{i-1}}^{x_i} f(x)(\psi(x) - \psi(x_i))\mathrm{d}x\right|\\&\leqslant \sum_{i=1}^n \int_{x_{i-1}}^{x_i} |f(x)(\psi(x) - \psi(x_i))|\mathrm{d}x\\&\leqslant M\sum_{i=1}^n (\psi(x_i) - \psi(x_{i-1}))\Delta x_i\end{aligned}$$

从而

$$\lim_{\|T\|\to 0}\int_{x_{i-1}}^{x_i} f(x)(\psi(x) - \psi(x_i))\mathrm{d}x = 0,$$

也即

$$\int_a^b f(x)\psi(x)\mathrm{d}x = \lim_{\|T\|\to 0}\sum_{i=1}^n \int_{x_{i-1}}^{x_i} f(x)\psi(x_i)\mathrm{d}x.$$

记 $F(x) = \int_x^b f(t)\mathrm{d}t$, 由 $f(x)$ 的可积得知 $F(x)$ 在 $[a,b]$ 上连续,设其在 $[a,b]$ 的最小值和最大值分别为 l, L. 此外,

$$\lim_{\|T\|\to 0}\sum_{i=1}^{n}\int_{x_{i-1}}^{x_i} f(x)\psi(x_i)\,\mathrm{d}x = \sum_{i=1}^{n}\psi(x_i)(F(x_{i-1}) - F(x_i))$$

$$= \psi(x_1)F(x_0) + \sum_{i=1}^{n-1}(\psi(x_{i+1}) - \psi(x_i))F(x_i) - \psi(x_n)F(x_n)$$

$$= \psi(x_1)F(x_0) + \sum_{i=1}^{n-1}(\psi(x_{i+1}) - \psi(x_i))F(x_i),$$

由于 $\psi(x_1)$,$\psi(x_2)-\psi(1)$,$\cdots$,$\psi(x_n)-\psi(x_{n-1})$ 均非负,可知

$$\psi(b)\,l = \psi(x_1)\,l + \sum_{i=1}^{n-1}(\psi(x_{i+1}) - \psi(x_i))\,l = \psi(x_n)\,l$$

$$\leqslant \sum_{i=1}^{n}\int_{x_{i-1}}^{x_i} f(x)\psi(x_i)\,\mathrm{d}x$$

$$\leqslant \psi(x_1)\,L + \sum_{i=1}^{n-1}(\psi(x_{i+1}) - \psi(x_i))$$

$$= \psi(x_n)\,L = \psi(b)\,L.$$

若 $\psi(b)=0$ 时,等式 $\int_a^b f(x)\psi(x)\,\mathrm{d}x = \psi(b)\int_\xi^b f(x)\,\mathrm{d}x$ 明显成立;而若 $\psi(b)>0$ 时,由上面的不等式,得出

$$l \leqslant \frac{1}{\psi(b)}\sum_{i=1}^{n}\int_{x_{i-1}}^{x_i} f(x)\psi(x_i)\,\mathrm{d}x \leqslant L.$$

再令 $\|T\|\to 0$,得出

$$l \leqslant \frac{1}{\psi(b)}\int_a^b f(x)\psi(x)\,\mathrm{d}x \leqslant L,$$

利用 $F(x)$ 此时满足介值定理,得出存在 $\xi\in[a,b]$,使得

$$F(x) = \int_\xi^b f(x)\,\mathrm{d}x = \frac{1}{\psi(b)}\int_a^b f(x)\psi(x)\,\mathrm{d}x,$$

也即

$$\int_a^b f(x)\psi(x)\,\mathrm{d}x = \psi(b)\int_\xi^b f(x)\,\mathrm{d}x$$

成立,证毕.

定义 5.5　若函数 $f(x)$ 在 $[a,b]$ 上可积,则称定义于 $[a,b]$ 上的函数

$$\Phi(x) = \int_a^x f(t)\,\mathrm{d}t$$

为变积分上限函数.

定理 5.14　若函数 $f(x)$ 在 $[a,b]$ 上可积,则

$$\Phi(x) = \int_a^x f(t)\,\mathrm{d}t$$

在 $[a,b]$ 上连续.

这个定理的证明,主要利用 $f(x)$ 可积性导出有界性. 详细证明从略.

定理 5.15　(牛顿-莱布尼茨公式)若函数 $f(x)$ 在 $[a,b]$ 上连续,且 $F(x)$ 为它的一个原函数,则 $f(x)$ 在 $[a,b]$ 上可积,且

$$\int_a^b f(x)\,dx = F(b) - F(a).$$

这个定理的证明思路如下：首先考虑在$[a,b]$上构造变上限积分$\Phi(x)=\int_a^x f(t)\,dt$，从$f(x)$的连续性及积分第一中值定理说明$\Phi(x)$的可导性，并且易知

$$\Phi(b) - \Phi(a) = \int_a^b f(x)\,dx - \int_a^a f(x)\,dx = \int_a^b f(x)\,dx.$$

又因为$F(x)$为$f(x)$的原函数，知存在常数C，使得$F(x)=\Phi(x)+C$，于是

$$F(b) - F(a) = \Phi(b) - \Phi(a) = \int_a^b f(x)\,dx.$$

例 5.6　求下列极限.

(1) $\lim\limits_{n\to\infty} n\left(\frac{1}{n^2+1}+\frac{1}{n^2+2^2}+\cdots+\frac{1}{2n^2}\right)$；

(2) $\lim\limits_{n\to\infty} n\left(\sin\frac{\pi}{n}+\sin\frac{2\pi}{n}+\cdots+\sin\frac{(n-1)\pi}{n}\right)$；

解：　(1)因为

$$\begin{aligned}
&\lim_{n\to\infty} n\left(\frac{1}{n^2+1}+\frac{1}{n^2+2^2}+\cdots+\frac{1}{2n^2}\right)\\
&=\lim_{n\to\infty} n\times\frac{1}{n^2}\left(\frac{1}{1+\frac{1}{n^2}}+\frac{1}{1+\left(\frac{2}{n}\right)^2}+\cdots+\frac{1}{1+\left(\frac{n}{n}\right)^2}\right)\\
&=\lim_{n\to\infty}\frac{1}{n}\left(\frac{1}{1+\frac{1}{n^2}}+\frac{1}{1+\left(\frac{2}{n}\right)^2}+\cdots+\frac{1}{1+\left(\frac{n}{n}\right)^2}\right).
\end{aligned}$$

取函数$f(x)=\frac{1}{1+x^2}$，$x\in(0,1)$，可知$f(x)$在$[0,1]$上连续，从而可积，利用定积分的极限表述知，此时可以选取特殊划分：对$[0,1]$作n等分，并且在划分出的每个小区间$\left[\frac{i-1}{n},\frac{i}{n}\right]$上选取的$\xi_i=\frac{i}{n}$，从而可知

$$\begin{aligned}
&\lim_{n\to\infty} n\left(\frac{1}{n^2+1}+\frac{1}{n^2+2^2}+\cdots+\frac{1}{2n^2}\right)\\
&=\lim_{n\to\infty}\frac{1}{n}\left(\frac{1}{1+\frac{1}{n^2}}+\frac{1}{1+\left(\frac{2}{n}\right)^2}+\cdots+\frac{1}{1+\left(\frac{n}{n}\right)^2}\right)\\
&=\int_0^1\frac{dx}{1+x^2}=\arctan 1=\frac{\pi}{4}.
\end{aligned}$$

(2)因为

$\lim\limits_{n\to\infty} n\left(\sin\frac{\pi}{n}+\sin\frac{2\pi}{n}+\cdots+\sin\frac{(n-1)\pi}{n}\right)=\lim\limits_{n\to\infty} n\left(0+\sin\frac{\pi}{n}+\sin\frac{2\pi}{n}+\cdots+\sin\frac{(n-1)\pi}{n}\right)$，取函数$f(x)=\sin x\pi$，$x\in[0,1]$，可知$f(x)$在$[0,1]$上连续，从而可积，利用定积分的极限表述知，此时可以选取特殊划分：对$[0,1]$作n等分，并且在划分出的每个小区间$\left[\frac{i-1}{n},\frac{i}{n}\right]$上选取的$\xi_i=$

$\frac{i}{n}$,从而可知

$$\lim_{n\to\infty} n\left(0+\sin\frac{\pi}{n}+\sin\frac{2\pi}{n}+\cdots+\sin\frac{(n-1)\pi}{n}\right)=\int_0^1 \sin \pi x \mathrm{d}x=\frac{2}{\pi}.$$

习题

1. 一质点在 x 轴上做随时刻连续变化的直线运动,试说明:该质点在时间$[t_1,t_2]$内的平均速率一般不是时刻 t_1,t_2 两处速率的平均值. 但是可以将时间段$[t_1,t_2]$作 n 等分,这 n 个时间段中的每个时间段内任意一时刻的速率之和的平均值乘以 t_2-t_1 再取 $n\to\infty$的极限便是质点在时间$[t_1,t_2]$内的平均速率. 退一步讲,如果不是随着时刻连续变化,上述结论还成立么?

2. 判定下列函数的可积性:

(1)$f(x)$在$[-2,2]$上有界,它的不连续点为 $x=\frac{1}{n}, n\in\mathbb{N}^*$.

(2) $f(x)=\begin{cases}\frac{1}{x}-\left[\frac{1}{x}\right], & 0<x\leqslant 1\\ 0, & x=0.\end{cases}$

(3) $f(x)=\begin{cases}\operatorname{sgn}\left(\sin\frac{\pi}{x}\right), & 0<x\leqslant 1\\ 0, & x=0.\end{cases}$

3. 若函数$f(x)$在$[a,b]$上可积,积分为 I,现在在$[a,b]$上有限个点处改变$f(x)$的取值而定义出另一个函数$f_1(x)$,求证:$f_1(x)$在$[a,b]$上也可积,且其积分仍为 I.

4. 讨论$[a,b]$上的函数$f(x)$, $|f(x)|$, $f^2(x)$三者之间的可积关系.

5. 若函数$f(x)$ 在$[a,b]$ 上可积,求证:存在折线函数$\phi_n(x), n\in\mathbb{N}^*$,使得$\lim\limits_{n\to\infty}\int_a^b \phi_n(x)\mathrm{d}x$.

6. 若函数 $f(x)$ 在$[A,B]$ 上可积,求证:对于$[A,B]$ 的任意闭子区间 $[a,b]$,均有 $\lim\limits_{t\to 0}\int_a^b |f(x+t)-f(x)|\mathrm{d}x=0$.

7. 若函数$f(x)$ 在$[a,b]$ 上连续,非负但不恒为 0,求证:$\int_a^b f(x)\mathrm{d}x>0$.

8. 若函数$f(x)$ 在$[a,b]$ 上连续,$\int_a^b f(x)\mathrm{d}x=0$,求证:$f(x)\equiv 0$.

9. 设函数$f(x)$,$g(x)$在$[a,b]$上连续,求证:对于任意划分

$T: a=x_0<x_1<x_2<\cdots<x_{n-1}<x_n=b$, $\int_a^b f(x)g(x)\mathrm{d}x=\lim\limits_{\|T\|\to 0}\sum\limits_{i=1}^{n} f(\xi_i)G(\eta_i)\Delta x_i$,其中 $\xi_i,\eta_i(1\leqslant i\leqslant n)$ 为$[x_{i-1},x_i]$上任意的点.

10. 设函数$f(x)$是$[0,+\infty)$上的严格单增连续函数,$f(0)=0$,其反函数为 $x=g(y)$,求证:$\int_0^m f(x)\mathrm{d}x+\int_0^n g(y)\mathrm{d}y\geqslant mn(m,n\geqslant 0)$.

11. 下列求极限：

(1) $\lim\limits_{n\to\infty}\sum\limits_{i=1}^{n-1}\dfrac{i}{n^2}$；　　(2) $\lim\limits_{n\to\infty}\sum\limits_{i=1}^{n-1}\dfrac{i^p}{n^{p+1}},(p>0)$；

(3) $\lim\limits_{n\to\infty}\dfrac{1}{n}\sum\limits_{i=1}^{n-1}\sqrt{1+\dfrac{i}{n}}$；　　(4) $\lim\limits_{n\to\infty}\dfrac{\sqrt[n]{n!}}{n}$.

12. 若函数 $f(x)$ 在 $[a,b]$ 上可积，求证：若对于 $[a,b]$ 上任意可积函数 $g(x)$，均有 $\int_a^b f(x)g(x)\mathrm{d}x=0$，则函数 $f(x)$ 在 $[a,b]$ 上的连续点处取值一定为0.

13. 若函数 $f(x)$ 在 $[-1,1]$ 上连续，求证：对于 $[-1,1]$ 上任意连续偶函数 $g(x)$，均有 $\int_{-1}^1 f(x)g(x)\mathrm{d}x=0$ 的充要条件是 $f(x)$ 是 $[a,b]$ 上的奇函数.

14. 考虑积分 $\int_0^1(1-x)^n\mathrm{d}x$，求证：$\sum\limits_{i=1}^{n}\dfrac{(-1)^iC_n^i}{i+1}=\dfrac{1}{n+1}$.

15. 若函数 $f(x)$ 在 $[a,b]$ 上可积，$g(x)$ 是以正数 T 为周期的函数，且在 $[0,T]$ 上可积，求证：$\lim\limits_{\lambda\to\infty}\int_a^b f(x)g(\lambda x)\mathrm{d}x=\dfrac{1}{T}\int_0^T g(x)\mathrm{d}x\int_a^b f(x)\mathrm{d}x$.

16. 若函数 $f(x)$，$g(x)$ 在 $[a,b]$ 上取正值且连续，求极限：$\lim\limits_{\lambda\to\infty}\left(\int_a^b f(x)[g(x)]^\lambda\mathrm{d}x\right)^{\frac{1}{\lambda^2}}$.

17. 若函数 $f(x)$ 在 $[a,b]$ 上可积，记 $f_{in}=f\left(a+\dfrac{i(b-a)}{n}\right)$，求证：

(1) $\mathrm{e}^{\int_a^b f(x)\mathrm{d}x}=\lim\limits_{n\to\infty}\prod\limits_{i=1}^{n}\left(1+f_{in}\dfrac{(b-a)}{n}\right)$；

(2) 若 $f(x)>0$，$\dfrac{b-a}{\int_a^b\dfrac{1}{f(x)}\mathrm{d}x}=\lim\limits_{n\to\infty}\dfrac{n}{\sum\limits_{i=1}^{n}\dfrac{1}{f_{in}}}$.

18. 若函数 $f(x)$ 在 $[-1,1]$ 上可积，且在 $x=0$ 处连续，令

$$\phi_n(x)=\begin{cases}(1-x)^n, & 0\leqslant x\leqslant 1\\ \mathrm{e}^{nx}, & 0\leqslant x\leqslant 1.\end{cases}$$

求证：$\lim\limits_{n\to\infty}\dfrac{n}{2}\int_{-1}^1 f(x)\phi_n(x)\,\mathrm{d}x=f(0)$.

19. 设 $f(x)=\int_x^{x^2}\left(1+\dfrac{1}{2t}\right)^t\sin\dfrac{1}{\sqrt{t}}\mathrm{d}t(x>0)$，求：$\lim\limits_{n\to\infty}f(n)\sin\dfrac{1}{n}$.

20. 证明下列不等式：

(1) $\sqrt{2}\mathrm{e}^{-\frac{1}{2}}<\int_{-\frac{1}{\sqrt{2}}}^{\frac{1}{\sqrt{2}}}\mathrm{e}^{-x^2}\mathrm{d}x<\sqrt{2}$；

(2) $0<\dfrac{\pi}{2}-\int_0^{\frac{\pi}{2}}\dfrac{\sin x}{x}\mathrm{d}x<\dfrac{\pi^3}{144}$；

(3) $\dfrac{2\pi^2}{9}<\int_{\frac{\pi}{6}}^{\frac{\pi}{2}}\dfrac{2x}{\sin x}\mathrm{d}x<\dfrac{4\pi^2}{9}$；

(4) $\dfrac{\pi}{2}<\int_0^{\frac{\pi}{2}}\dfrac{\mathrm{d}x}{\sqrt{1-\frac{1}{2}\sin^2x}}<\dfrac{\pi}{\sqrt{2}}$;

(5) $3\sqrt{\mathrm{e}}<\int_{\mathrm{e}}^{4\mathrm{e}}\dfrac{\ln x}{\sqrt{x}}\mathrm{d}x<6$.

21. 若函数$f(x)$在$[a,b]$上可积,且以正数c为下界,求证:$\dfrac{1}{f(x)}$在$[a,b]$上也可积.

22. 若函数$f(x)$在$[a,b]$上存在非负实数M,对任意的$x,y\in[a,b]$,满足:$|f(x)-f(y)|\leqslant M|x-y|$,求证:

$$\left|\int_a^b f(x)\mathrm{d}x-\frac{b-a}{n}\sum_{i=1}^n f\left(a+\frac{i(b-a)}{n}\right)\right|\leqslant M\frac{b-a}{n}.$$

23. 若函数$f(x),g(x)$在$[a,b]$上可积,求证:$\max\{f(x),g(x)\}$与$\min\{f(x),g(x)\}$均在$[a,b]$上可积.

24. 若函数$f(x)$在$[a,b]$上二阶可导,且一阶导和二阶导在每一点处均为正,求证:$(b-a)f(a)<\int_a^b f(x)\mathrm{d}x<\dfrac{a+b}{2}[f(a)+f(b)]$.

25. 若函数$f(x)$在$[a,b]$上连续,(a,b)上可导,且$10\int_{\frac{a+9b}{10}}^b f(x)\mathrm{d}x=f(a)(b-a)$,求证:存在$\xi\in(a,b)$,使得$f'(\xi)=0$.

26. 若函数$f(x),g(x)$在$[a,b]$上连续,求证:存在$\xi\in(a,b)$,使得$f(\xi)\int_\xi^b g(x)\mathrm{d}x=g(\xi)\int_a^\xi f(x)\mathrm{d}x$.

27. 若函数$f(x)$在$[0,\pi]$上二阶可导,$f(\pi)=2$,$\int_0^\pi(f(x)+f''(x))\sin x\mathrm{d}x=5$,求$f(0)$.

28. 若$f(x)$为连续函数,求证:

$$\int_0^{2\pi}f(a\cos x+b\sin x)\mathrm{d}x=\int_{-\frac{\pi}{2}}^{\frac{\pi}{2}}f(\sqrt{a^2+b^2}\sin x)\mathrm{d}x.$$

29. 若函数$f(x)$在$[0,1]$上连续且单调减少,求证:对于任意$c\in(0,1)$,均有$\int_0^c f(x)\mathrm{d}x\geqslant c\int_0^1 f(x)\mathrm{d}x$.

30. 若函数$f(x),g(x)$在$[a,b]$上可积,求证:当正数p,q满足$\dfrac{1}{p}+\dfrac{1}{q}=1$时,$\int_a^b f(x)g(x)\mathrm{d}x\leqslant\left(\int_a^b[f(x)]^p\mathrm{d}x\right)^{\frac{1}{p}}\left(\int_a^b[g(x)]^q\mathrm{d}x\right)^{\frac{1}{q}}$(这个不等式被称为霍尔德不等式). 特别地,当$p=q=2$时即为柯西-施瓦尔茨不等式.

31. 若函数$f(x),g(x)$均定义在$[a,b]$上,$f(x)$具有非负二阶导函数且$g(x)$连续,求证:$f\left(\dfrac{1}{b-a}\int_a^b g(x)\mathrm{d}x\right)\leqslant\dfrac{1}{b-a}\int_a^b f(g(x))\mathrm{d}x$.

32. 求 a,b,c，使得：$\lim\limits_{x\to 0}\dfrac{\int_b^x \frac{s^2}{\sqrt{1-s^2}}\mathrm{d}s}{\tan x - ax} = c.$

33. 若函数 $f(x)$ 在 $[a,b]$ 上有连续的导函数，且 $f(a)=0$，求证：$\int_a^b |f(x)f'(x)|\mathrm{d}x \leqslant \dfrac{b-a}{2}\int_a^b (f'(x))^2\mathrm{d}x.$

34. 若函数 $f(x)$ 在 $[0,1]$ 上连续，$|f(x)|\leqslant 1$，$\forall x\in[0,1]$，且 $\int_0^1 f(x)\mathrm{d}x = 0$，求证：对于每个 $[a,b]\subset[0,1]$，$\left|\int_a^b f(x)\mathrm{d}x\right| \leqslant \dfrac{1}{2}.$

35. 若函数 $f(x)$ 在 $[a,A]$ 上连续，求证：

$$\lim_{t\to 0}\frac{\int_a^x (f(u+t)-f(u))\mathrm{d}u}{t} = f(x)-f(a),\ \forall x\in(a,A).$$

36. 若函数 $f(x)$，$g(x)$ 在 $[a,b]$ 上满足：对任意的 x,y，均有 $(f(x)-f(y))(g(x)-g(y))\geqslant 0$，求证：$\int_a^b f(x)\mathrm{d}x\int_a^b g(x)\mathrm{d}x \leqslant (b-a)\int_a^b f(x)g(x)\mathrm{d}x.$

37. 若 $f(x)$ 是 $[0,1]$ 上正的连续函数，m,M 分别为 $f(x)$ 在 $[0,1]$ 上的最小值、最大值，求证：$1\leqslant \int_a^b f(x)\mathrm{d}x\int_a^b g(x)\mathrm{d}x \leqslant \dfrac{(M+m)^2}{4Mm}$. 如果将 $[0,1]$ 换成任意的闭区间 $[a,b]$，将会有怎样的结果？

38. 若 $f(x)$ 在 $[a,b]$ 上可积，且 $\int_a^b f(x)\mathrm{d}x = 0$，求证：对于任意 $x\in[a,b]$ 满足：$f(x)\neq 0$，则存在 $[c,d]\subset[a,b]$，满足 $x\in[c,d]$ 且在 $[c,d]$ 上恒有 $f(x)>0$.

39. 若 $f(x)$ 在 $[a,b]$ 上具有连续的二阶导函数，并且 $\left|\int_a^b f(x)\mathrm{d}x\right| \leqslant \int_a^b \left|f(x)\right|\mathrm{d}x$，若记：$M_1 = \max\limits_{x\in[a,b]}|f'(x)|$，$M_2 = \max\limits_{x\in[a,b]}|f''(x)|$，求证：

$$\left|\int_a^b f(x)\mathrm{d}x\right| \leqslant \frac{M_1}{2}(b-a)^2 + \frac{M_2}{3}(b-a)^3.$$

40. 若 $f(x)$ 在 $[a,b]$ 上具有连续的一阶导函数，且 $f\left(\dfrac{a+b}{2}\right)=0$，求证：$\int_a^b \left|f(x)f'(x)\right|\mathrm{d}x \leqslant \dfrac{b-a}{4}\int_a^b (f'(x))^2\mathrm{d}x.$

41. 求证：不存在 $[0,2]$ 上的连续可导函数 $f(x)$，满足：$f(0)=f(2)=1$，$|f'(x)|\leqslant 1$，且 $\left|\int_0^2 f(x)\mathrm{d}x\right| \leqslant 1.$

42. 已知 $f(x) = -\dfrac{1}{2}(1+\mathrm{e}^{-1}) + \int_{-1}^1 |x-t|\mathrm{e}^{-t^2}\mathrm{d}t$，讨论 $f(x)=0$ 在 $[-1,1]$ 上实根的个数.

43. 若 $f(x)$ 在 $[0,2\pi]$ 上的单减函数，求证：对于任意正整数 n，均有 $\int_0^{2\pi} f(x)\sin nx\mathrm{d}x \geqslant 0.$

44. 求证：当 $x>0$ 时，$\left|\int_x^{x+c}\sin u^2\mathrm{d}u\right| \leqslant \dfrac{1}{x}, c>0.$

45. 若$f(x)$在$[a,b]$上具有连续的一阶导函数,求证:在$[a,b]$上存在具有连续的一阶导的增函数$u(x)$和连续的一阶导的减函数$v(x)$,使得$f(x)=u(x)+v(x)$成立.

46. 验证可积函数的线性性质和绝对可积性质.

5.2 广义积分的基本概念与可积条件

5.2.1 两类广义积分的定义

定义 5.6 设函数$f(x)$定义在无穷区间$[a,+\infty)$上,且对于任意实数$c\in[a,+\infty)$,函数$f(x)$在闭区间上$[a,c]$(黎曼)可积,若极限

$$\lim_{c\to+\infty}\int_a^c f(x)\,\mathrm{d}x=I$$

存在,则称函数$f(x)$在无穷区间$[a,+\infty)$上(无穷)广义可积,积分值为I,也记作$I=\int_a^{+\infty}f(x)\,\mathrm{d}x$.

注 5.14 $\int_a^{+\infty}f(x)\,\mathrm{d}x$称作为函数$f(x)$定义在无穷区间$[a,+\infty)$上的无穷广义积分,从而定义也可以称广义积分$\int_a^{+\infty}f(x)\,\mathrm{d}x$收敛于$I$. 另外,不论无穷广义积分$\int_a^{+\infty}f(x)\,\mathrm{d}x$是否收敛,形式上都记作这样的符号.

注 5.15 类似地,定义在区间$(-\infty,b]$上的函数$g(x)$,且对于任意实数$c\in(-\infty,b]$,函数$f(x)$在闭区间$[c,b]$上(黎曼)可积,也可以定义无穷广义积分

$$\int_{-\infty}^b g(x)\,\mathrm{d}x=\lim_{c\to-\infty}\int_c^b f(x)\,\mathrm{d}x.$$

注 5.16 如果函数$f(x)$定义在$(-\infty,+\infty)$上,且对于任意实数$c_1,c_2\in(-\infty,+\infty)$,函数$f(x)$在闭区间$[c_1,c_2]$上(黎曼)可积,此时结合定义5.6和注5.15,定义$\int_{-\infty}^{+\infty}f(x)\,\mathrm{d}x$为$\int_{-\infty}^a f(x)\,\mathrm{d}x+\int_a^{+\infty}f(x)\,\mathrm{d}x$,此处$a$可以为任意的实数,换句话说,此时只需要极限$\lim\limits_{c_1\to+\infty}\int_a^{c_1}f(x)\,\mathrm{d}x$与$\lim\limits_{c_2\to-\infty}\int_{c_2}^a f(x)\,\mathrm{d}x$均存在时,则称函数$f(x)$在无穷区间$(-\infty,+\infty)$上(无穷)广义可积.

注 5.17 用ε-A语言来叙述(无穷)广义积分$\int_a^{+\infty}f(x)\,\mathrm{d}x$收敛于$I$如下:对于任意正数$\varepsilon$,存在仅与$\varepsilon,I$有关的实数$A(\varepsilon,I)\in[a,+\infty)$,使得当$A>A(\varepsilon,I)$时,有

$$\left|\int_a^A f(x)\,\mathrm{d}x-I\right|<\varepsilon$$

其他类型的无穷广义积分收敛可类似叙述.

例 5.7 讨论无穷广义积分$\int_1^{+\infty}\frac{1}{x^p}\mathrm{d}x$的敛散性.

解:因为

$$\int_1^c \frac{1}{x^p}\mathrm{d}x = \begin{cases} \dfrac{c^{1-p}-1}{1-p}, & p \neq 1 \\ \ln c, & p = 1 \end{cases}$$

从而 $\int_1^{+\infty} \frac{1}{x^p}\mathrm{d}x = \lim\limits_{c\to+\infty}\int_1^c f(x)\ \frac{1}{x^p}\mathrm{d}x = \begin{cases} \dfrac{1}{p-1}, & p > 1 \\ +\infty, & p \leqslant 1 \end{cases}$

由此便知无穷广义积分 $\int_1^{+\infty} \frac{1}{x^p}\mathrm{d}x$，当 $p>1$ 时收敛到 $\frac{1}{p-1}$，当 $p\leqslant 1$ 时发散到 $+\infty$.

例 5.8　讨论下列无穷广义积分的敛散性.

(1) $\int_3^{+\infty} \frac{\mathrm{d}x}{x(\ln x)^p}$;　　(2) $\int_{-\infty}^{+\infty} \frac{\mathrm{d}x}{4x^2+4x+5}$;　　(3) $\int_{-\infty}^{+\infty} \mathrm{e}^{-x}\sin x\mathrm{d}x$.

解：(1) 令 $t=\ln x$，则有

$$\int_3^{+\infty} \frac{\mathrm{d}x}{x(\ln x)^p} = \int_{\ln 3}^{+\infty} \frac{\mathrm{d}t}{t^p}$$

根据例 5.7 得出该无穷广义积分当 $p>1$ 时收敛，当 $p\leqslant 1$ 时发散.

(2) 由于 $4x^2+4x+5=(2x+1)^2+4$，令 $t=2x+1$，则

$$\int_{-\infty}^{+\infty} \frac{\mathrm{d}x}{4x^2+4x+5} = \int_{-\infty}^{+\infty} \frac{\mathrm{d}\left(\frac{t}{2}\right)}{t^2+4} = \frac{1}{4}\int_{-\infty}^{+\infty} \frac{\mathrm{d}\left(\frac{t}{2}\right)}{\left(\frac{t}{2}\right)^2+1}$$

再令 $u=\frac{t}{2}$，又因为

$$\int_{-\infty}^{c} \frac{\mathrm{d}u}{u^2+1} = \lim_{d\to-\infty}\int_d^c \frac{\mathrm{d}u}{u^2+1} = \lim_{d\to-\infty}(\arctan c - \arctan d) = \arctan c + \frac{\pi}{2},$$

以及

$$\int_{c}^{+\infty} \frac{\mathrm{d}u}{u^2+1} = \lim_{d\to+\infty}\int_c^d \frac{\mathrm{d}u}{u^2+1} = \lim_{d\to+\infty}(\arctan d - \arctan c) = \frac{\pi}{2} - \arctan c,$$

从而 $\frac{1}{4}\int_{-\infty}^{c} \frac{\mathrm{d}u}{u^2+1}$ 与 $\frac{1}{4}\int_{c}^{+\infty} \frac{\mathrm{d}u}{u^2+1}$ 均收敛，从而原无穷广义积分收敛.

(3) 因为

$$\begin{aligned}\int_0^c \mathrm{e}^{-x}\sin x\mathrm{d}x &= \left(-\mathrm{e}^{-x}\sin x\,\Big|_{x=0}^{x=c} + \int_0^c \mathrm{e}^{-x}\cos x\mathrm{d}x\right) \\ &= -\mathrm{e}^{-c}\sin c - \mathrm{e}^{-c}\cos c + 1 - \int_0^c \mathrm{e}^{-x}\sin x\mathrm{d}x,\end{aligned}$$

则有

$$\int_0^c \mathrm{e}^{-x}\sin x\mathrm{d}x = \frac{-\mathrm{e}^{-c}\sin c - \mathrm{e}^{-c}\cos c + 1}{2}$$

从而

$$\int_0^{+\infty} \mathrm{e}^{-x}\sin x\mathrm{d}x = \lim_{c\to+\infty}\int_0^c \mathrm{e}^{-x}\sin x\mathrm{d}x = \lim_{c\to+\infty}\frac{-\mathrm{e}^{-c}\sin c - e^{-c}\cos c + 1}{2} = \frac{1}{2},$$

从而原无穷广义积分收敛.

定义 5.7 设函数$f(x)$定义在区间$[a,b)$上，在 b 的任意一个左侧邻域上均无界，且对于任意实数 $c\in[a,b)$，函数$f(x)$在闭区间$[a,c]$上(黎曼)可积，若极限

$$\lim_{c\to b^-}\int_a^c f(x)\,\mathrm{d}x = J$$

存在，则称无界函数$f(x)$在区间$[a,b)$上(无界)广义可积，积分值为 J，也记作 $J=\int_a^b f(x)\,\mathrm{d}x$.

注 5.18 $\int_a^b f(x)\,\mathrm{d}x$ 称作为函数$f(x)$定义在区间$[a,b)$上的无界广义积分，从而定义也可以称广义积分 $\int_a^b f(x)\,\mathrm{d}x$ 收敛于 J. 另外，不论无界广义积分 $\int_a^b f(x)\,\mathrm{d}x$ 是否收敛，形式上都记作这样的符号. 不管是否收敛，b 都称为瑕点，因此无界广义积分又称为瑕积分.

注 5.19 类似地，定义在区间$[a,b)$上的函数 $g(x)$，在 a 的任意一个右侧邻域上均无界，且对于任意实数 $c\in[a,b)$，函数$f(x)$在闭区间$[c,b]$上(黎曼)可积也可以定义无穷广义积分

$$\int_a^b g(x)\,\mathrm{d}x = \lim_{c\to a^+}\int_c^b f(x)\,\mathrm{d}x.$$

注 5.20 如果函数$f(x)$定义在(a,b)上，在 a 的任意一个右侧邻域上、b 的任意一个左侧邻域上均无界且对于任意实数 $c_1,c_2\in(a,b)$，函数$f(x)$在闭区间$[c_1,c_2]$上(黎曼)可积，此时结合定义 5.7 和注 5.19，定义：$\int_a^b f(x)\,\mathrm{d}x$ 为$\int_a^{c_0} f(x)\,\mathrm{d}x+\int_{c_0}^b f(x)\,\mathrm{d}x$，此处 c_0 可以为(a,b)中的任意的实数，换句话说，此时只需要极限 $\lim\limits_{c_1\to b^-}\int_{c_0}^{c_1} f(x)\,\mathrm{d}x$ 与$\lim\limits_{c_2\to a^+}\int_{c_2}^{c_0} f(x)\,\mathrm{d}x$ 均存在时，则称函数$f(x)$在无穷区间(a,b)上(无穷)广义可积.

注 5.21 若函数定义在$[a,b)\cup(b,c]$上，在 b 的任意一个邻域上均无界，并且对于任意 $d_1\in[a,b)$及任意 $d_2\in(c,b]$，函数 $f(x)$ 在闭区间$[a,d_1]$及$[d_2,b]$上(黎曼)可积. 若极限 $\lim\limits_{d_1\to b^-}\int_a^{d_1} f(x)\,\mathrm{d}x$ 与 $\lim\limits_{d_2\to b^+}\int_{d_2}^c f(x)\,\mathrm{d}x$ 均收敛，则称无界函数$f(x)$ 在区间$[a,c]$ 上(无界) 广义可积，并记此时的积分为$\int_a^c f(x)\,\mathrm{d}x$.

注 5.22 用$\varepsilon-\delta$语言来叙述(无界) 广义积分$\int_a^b f(x)\,\mathrm{d}x$收敛于 J 如下：对于任意正数 ε，存在仅与 ε 有关的正数 $\delta(\varepsilon)$，使得当 $-\delta<c-b<0$ 时，有

$$\left|\int_a^c f(x)\,\mathrm{d}x - J\right| < \varepsilon.$$

其他类型的无界广义积分收敛可类似叙述.

例 5.9 讨论无穷广义积分的 $\int_0^1 \frac{1}{x^p}\mathrm{d}x\,(p>0)$ 敛散性.

解：因为

$$\int_c^1 \frac{1}{x^p}\mathrm{d}x = \begin{cases} \dfrac{1-c^{1-p}}{1-p}, & p\neq 1 \\ -\ln c, & p=1 \end{cases}$$

从而

$$\int_0^1 \frac{1}{x^p}dx = \lim_{c\to 0^+}\int_c^1 \frac{1}{x^p}dx = \begin{cases} \frac{1}{1-p}, & p < 1 \\ +\infty, & p \geqslant 1 \end{cases}$$

由此便知无穷广义积分$\int_0^1 \frac{1}{x^p}dx$,当$0 < p < 1$时收敛到$\frac{1}{1-p}$,当$p \geqslant 1$时发散到$+\infty$.

例5.10　讨论下列无界广义积分的敛散性.

(1) $\int_0^1 \ln x dx$;　　　　(2) $\int_0^1 \frac{x}{\sqrt{1-x^2}}dx$.

解:(1)容易判断:$x=0$为原无界广义积分的瑕点.又因为对任意$0<c<1$,

$$\int_c^1 \ln x dx = x\ln x \mid_c^1 - \int_c^1 x d\ln x = -c\ln c - 1 + c,$$

则无界广义积分

$$\int_c^1 \ln x dx = \lim_{c\to 0^+}\int_c^1 \ln x dx = \lim_{c\to 0^+}(-c\ln c - 1 + c) = -1,$$

从而原无界广义积分收敛.

(2)容易判断:$x=1$为原无界广义积分的瑕点.又因为对任意$0<c<1$,

$$\int_0^c \frac{x}{\sqrt{1-x^2}}dx = -\sqrt{(1-x^2)} \mid_0^c = 1 - \sqrt{(1-c^2)},$$

则无界广义积分

$$\int_0^1 \frac{x}{\sqrt{1-x^2}}dx = \lim_{c\to 1^-}\int_0^c \frac{x}{\sqrt{1-x^2}}dx = \lim_{c\to 1^-}(1 - \sqrt{(1-c^2)}) = 1,$$

从而原无界广义积分收敛.

5.2.2　两类广义积分敛散性的判别

5.2.2.1　无穷广义积分的敛散性

定理5.16　(柯西准则)无穷广义积分$\int_a^{+\infty} f(x)dx$收敛的充要条件是:对于任意正数ε,存在仅与ε有关的实数$A(\varepsilon) \in [a, +\infty)$,使得当$A_1, A_2 > A(\varepsilon)$时,有

$$\left| \int_{A_1}^{A_2} f(x)dx \right| < \varepsilon.$$

其他类型的无穷广义积分收敛可类似叙述.证明从略.

注5.23　其否定形式是:无穷广义积分$\int_a^{+\infty} f(x)dx$发散的充要条件是:存在正数ε_0,对于任意实数$A \in [a, +\infty)$,存在$A_1, A_2 > A$,使得

$$\left| \int_{A_1}^{A_2} f(x)dx \right| \geqslant \varepsilon_0.$$

性质5.6　(线性性质)若无穷广义积分$\int_a^{+\infty} f(x)dx$与$\int_a^{+\infty} g(x)dx$均收敛,则对于任意的常数k, l, $\int_a^{+\infty}(kf(x) + lg(x))dx$也收敛,且

$$\int_a^{+\infty}(kf(x) + lg(x))dx = k\int_a^{+\infty} f(x)dx + l\int_a^{+\infty} g(x)dx.$$

利用定义来说明即可,证明从略.

注 5.24 若两个无穷广义积分中 $\int_a^{+\infty} f(x)\mathrm{d}x$ 收敛,$\int_a^{+\infty} g(x)\mathrm{d}x$ 发散,可以证得:$\int_a^{+\infty}(f(x)\pm g(x))\mathrm{d}x$ 也发散. 但是,如果两个无穷广义积分都发散,$\int_a^{+\infty}(f(x)\pm g(x))\mathrm{d}x$ 可能收敛也可能发散.

性质 5.7 (区间可加性)若对于任意实数 $c\in[a,+\infty)$,函数 $f(x)$ 在闭区间 $[a,c]$ 上(黎曼)可积,则无穷广义积分 $\int_a^{+\infty} f(x)\mathrm{d}x$ 与 $\int_c^{+\infty} f(x)\mathrm{d}x$ 同敛散, 并且此时

$$\int_a^{+\infty} f(x)\mathrm{d}x = \int_a^c f(x)\mathrm{d}x + \int_c^{+\infty} f(x)\mathrm{d}x.$$

利用定义来说明即可,证明从略.

性质 5.8 (绝对不等式)若对于任意实数 $c\in[a,+\infty)$,函数 $f(x)$ 在闭区间 $[a,c]$ 上(黎曼)可积,且无穷广义积分 $\int_a^{+\infty}|f(x)|\mathrm{d}x$ 收敛,则 $\int_a^{+\infty} f(x)\mathrm{d}x$ 也收敛, 且

$$\left|\int_a^{+\infty} f(x)\mathrm{d}x\right| < \int_a^{+\infty}|f(x)|\mathrm{d}x.$$

证明:因为无穷广义积分 $\int_a^{+\infty}|f(x)|\mathrm{d}x$ 收敛,则对于任意正数 ε,存在仅与 ε 有关的实数 $A(\varepsilon)\in[a,+\infty)$,使得当 $A_1, A_2 > A(\varepsilon)$ 时,有

$$\left|\int_{A_1}^{A_2}\left|f(x)\right|\mathrm{d}x\right| < \varepsilon.$$

从而

$$\left|\int_{A_1}^{A_2} f(x)\mathrm{d}x\right| \leqslant \left|\int_{A_1}^{A_2}\left|f(x)\right|\mathrm{d}x\right|\varepsilon,$$

即得 $\int_a^{+\infty} f(x)\mathrm{d}x$ 也收敛. 而又因为对于任意实数 $c\in[a,+\infty)$,$f(x)$ 在闭区间 $[a,c]$ 上(黎曼)可积,则有 $|f(x)|$ 在闭区间 $[a,c]$ 上(黎曼)可积,并且有

$$-\int_a^c|f(x)|\mathrm{d}x \leqslant \int_a^c f(x)\mathrm{d}x \leqslant \int_a^c|f(x)|\mathrm{d}x,$$

于是有

$$\int_a^c(f(x)+|f(x)|)\mathrm{d}x \geqslant 0$$

与

$$\int_a^c(-f(x)+|f(x)|)\mathrm{d}x \geqslant 0$$

同时成立,另外因为 $\int_a^{+\infty} f(x)\mathrm{d}x$ 与 $\int_a^{+\infty}|f(x)|\mathrm{d}x$ 均收敛, 得知

$$\int_a^{+\infty}(f(x)+|f(x)|)\mathrm{d}x$$

与

$$\int_a^{+\infty}(-f(x)+|f(x)|)\mathrm{d}x$$

均收敛,且因为此时

$$\int_a^{+\infty}(f(x)+|f(x)|)\mathrm{d}x=\lim_{c\to+\infty}\int_a^c(f(x)+|f(x)|)\mathrm{d}x$$

与

$$\int_a^{+\infty}(-f(x)+|f(x)|)\mathrm{d}x=\lim_{c\to+\infty}\int_a^c(-f(x)+|f(x)|)\mathrm{d}x.$$

综上可以得出

$$\int_a^{+\infty}(f(x)+|f(x)|)\mathrm{d}x\geqslant 0$$

与

$$\int_a^{+\infty}(-f(x)+|f(x)|)\mathrm{d}x\geqslant 0$$

同时成立,从而得出

$$\left|\int_a^{+\infty}f(x)\mathrm{d}x\right|<\int_a^{+\infty}|f(x)|\mathrm{d}x.$$

证毕.

注5.25 当无穷广义积分$\int_a^{+\infty}|f(x)|\mathrm{d}x$收敛时,称$\int_a^{+\infty}f(x)\mathrm{d}x$(广义)绝对收敛;而$\int_a^{+\infty}f(x)\mathrm{d}x$收敛,但$\int_a^{+\infty}|f(x)|\mathrm{d}x$发散时,则称$\int_a^{+\infty}f(x)\mathrm{d}x$(广义)条件收敛;而$\int_a^{+\infty}f(x)\mathrm{d}x$不收敛时,就是发散.这些在无界广义积分中也可以类似地定义,后面不再赘述.

性质5.9 (比较判别法)若$f(x)$,$g(x)$为定义在$[a,+\infty)$上的两个非负函数,满足关系:$f(x)\leqslant g(x)$,$\forall x\in[a,+\infty)$.且任意实数$c\in[a,+\infty)$均在闭区间$[a,c]$上(黎曼)可积,则若$\int_a^{+\infty}g(x)\mathrm{d}x$收敛时,$\int_a^{+\infty}f(x)\mathrm{d}x$也收敛;若$\int_a^{+\infty}f(x)\mathrm{d}x$发散时,$\int_a^{+\infty}g(x)\mathrm{d}x$也发散.

证明:若$\int_a^{+\infty}g(x)\mathrm{d}x$收敛时,对于任意正数$\varepsilon$,存在仅与$\varepsilon$有关的实数$A(\varepsilon)\in[a,+\infty)$,使得当$A_1,A_2>A(\varepsilon)$时(不妨$A_2\geqslant A_1$),有

$$\left|\int_{A_1}^{A_2}g(x)\mathrm{d}x\right|<\varepsilon.$$

从而

$$\left|\int_{A_1}^{A_2}f(x)\mathrm{d}x\right|=\left|\int_{A_1}^{A_2}f(x)\mathrm{d}x<\int_{A_1}^{A_2}g(x)\mathrm{d}x\right|=\left|\int_{A_1}^{A_2}g(x)\mathrm{d}x\right|<\varepsilon,$$

知$\int_a^{+\infty}f(x)\mathrm{d}x$也收敛;若$\int_a^{+\infty}f(x)\mathrm{d}x$发散时,存在正数$\varepsilon_0$,对于任意实数$A\in[a,+\infty)$,存在$A_1$,$A_2>A$(不妨$A_2\geqslant A_1$),使得

$$\left|\int_{A_1}^{A_2}f(x)\mathrm{d}x\right|\geqslant\varepsilon_0.$$

从而

$$\varepsilon_0\leqslant\left|\int_{A_1}^{A_2}f(x)\mathrm{d}x\right|=\left|\int_{A_1}^{A_2}f(x)\mathrm{d}x<\int_{A_1}^{A_2}g(x)\mathrm{d}x\right|=\left|\int_{A_1}^{A_2}g(x)\mathrm{d}x\right|,$$

知$\int_a^{+\infty}g(x)\mathrm{d}x$也发散,证毕.

注5.26 比较判别法的极限形式为:基本条件同性质5.9,若进一步地$g(x)$恒正且记

$$\lim_{x\to+\infty}\frac{f(x)}{g(x)}=l.$$

则

(1)当$0<l<+\infty$时，$\int_a^{+\infty}g(x)\mathrm{d}x$与$\int_a^{+\infty}f(x)\mathrm{d}x$同敛散；

(2)当$l=0$时，$\int_a^{+\infty}g(x)\mathrm{d}x$收敛，$\int_a^{+\infty}f(x)\mathrm{d}x$也收敛；

(3)当$l=+\infty$时且$\int_a^{+\infty}g(x)\mathrm{d}x$发散，则$\int_a^{+\infty}f(x)\mathrm{d}x$也发散.

注 5.27 特别地，如果$g(x)=\frac{1}{x^p}$时，则在本性质中

(1)当$f(x)\leqslant\frac{1}{x^p}$，$p>1$，$\forall x\in[a,+\infty)$时，$\int_a^{+\infty}f(x)\mathrm{d}x$收敛；

(2)当$f(x)\geqslant\frac{1}{x^p}$，$p\leqslant 1$，$\forall x\in[a,+\infty)$时，$\int_a^{+\infty}f(x)\mathrm{d}x$发散.

注 5.28 对应注 5.24 的极限形式是：若当$0\leqslant l<+\infty$且$p>1$时，$\int_a^{+\infty}f(x)\mathrm{d}x$收敛；当$0<l\leqslant+\infty$且$p\leqslant 1$时，$\int_a^{+\infty}f(x)\mathrm{d}x$发散.

例 5.11 判别下列无穷广义积分的敛散性.

(1) $\int_0^{+\infty}\frac{x^2\mathrm{d}x}{x^4-x^2+2}$；　　(2) $\int_0^{+\infty}\frac{\mathrm{d}x}{\sqrt[5]{x^4-x^2+2}}$.

解：(1)因为

$$\lim_{x\to+\infty}x^2\frac{x^2}{x^4-x^2+2}=1,$$

从而判别出原广义积分收敛.

(2)因为

$$\lim_{x\to+\infty}x^{\frac{4}{5}}\frac{1}{\sqrt[5]{x^4-x^2+2}}=1,$$

从而判别出原广义积分发散.

性质 5.10 (狄利克雷判别法)若$f(x)$，$g(x)$为定义在$[a,+\infty)$上的两个函数，关于c的函数$F(c)=\int_a^b f(x)\mathrm{d}x$在$[a,+\infty)$上有界，$g(x)$在$[a,+\infty)$单调且$\lim_{x\to+\infty}g(x)=0$，则

$$\int_a^{+\infty}f(x)g(x)\mathrm{d}x$$

收敛.

证明：因为$\lim_{x\to+\infty}g(x)=0$，则对于任意的正数ε，存在仅与ε有关的实数$M(\varepsilon)$，使得当$x>M(\varepsilon)$时，有

$$|g(x)|<\varepsilon$$

成立. 又因为关于c的函数$F(c)=\int_a^b f(x)\mathrm{d}x$在$[a,+\infty)$上有界，则存在非负实数$L$，使得

$$|F(c)| = \left|\int_a^c f(x)\,dx\right| \leqslant L$$

在$[a,+\infty)$上恒成立,考虑大于$M(\varepsilon)$的任意两个实数A_1,A_2且不妨$A_1 \leqslant A_2$,此时$g(x)$在$[A_1,A_2]$上单调,利用积分第二中值定理,知存在$\xi \in [A_1,A_2]$,使得

$$\begin{aligned}\left|\int_{A_1}^{A_2} f(x)g(x)\,dx\right| &= \left|g(A_1)\int_{A_1}^{\xi} f(x)\,dx + g(A_2)\int_{\xi}^{A_2} f(x)\,dx\right| \\ &\leqslant \left|g(A_1)\right|\left|\int_{A_1}^{\xi} f(x)\,dx\right| + \left|g(A_2)\right|\left|\int_{\xi}^{A_2} f(x)\,dx\right| \\ &\leqslant 2L\,\xi,\end{aligned}$$

则$\int_a^{+\infty} f(x)g(x)\,dx$收敛, 证毕.

性质 5.11　(阿贝尔别法)若$f(x),g(x)$为定义在$[a,+\infty)$上的两个函数,$\int_a^{+\infty} f(x)\,dx$收敛,$g(x)$在$[a,+\infty)$上单调,则$\int_a^{+\infty} f(x)g(x)\,dx$收敛.

证明方法仍考虑利用积分第二中值定理,证明从略.

例 5.12　讨论$\int_1^{+\infty} \frac{\sin x}{x^p}dx, (p>0)$敛散性.

解:因为$\frac{1}{x^p}$在$[1,+\infty)$上单调下降且极限为 0,又对于c的函数

$$F(c) = \int_1^c \sin x\,dx = \cos 1 - \cos c,$$

在$[a,+\infty)$上绝对值不超过 2,从而利用狄利克雷判别法知$\int_1^{+\infty} \frac{\sin x}{x^p}dx, (p>0)$收敛. 现在进一步判别$\int_1^{+\infty} \left|\frac{\sin x}{x^p}\right| dx, (p>0)$的敛散性, 因为

$$\left|\frac{\sin x}{x^p}\right| \geqslant \frac{\sin^2 x}{x^p} = \frac{1-\cos 2x}{2x^p}.$$

对于$\int_1^{+\infty} \frac{1-\cos 2x}{2x^p}dx$,分别考虑无穷广义积分:

$$\int_1^{+\infty} \frac{1}{2x^p}dx \text{ 与 } \int_1^{+\infty} \frac{\cos 2x}{2x^p}dx,$$

当$0<p\leqslant 1$前者发散,后者收敛,从而得出当$0<p\leqslant 1$时,$\int_1^{+\infty} \frac{1-\cos 2x}{2x^p}dx$发散,从而利用比较判别法知

$$\int_1^{+\infty} \left|\frac{\sin x}{x^p}\right| dx$$

发散.

而当$p>1$时,因为$\left|\frac{\sin x}{x^p}\right| \leqslant \frac{1}{x^p}$,且知$\int_1^{+\infty} \frac{1}{x^p}dx$收敛, 从而再利用比较判别法知此时

$$\int_1^{+\infty} \left|\frac{\sin x}{x^p}\right| dx$$

收敛.

从而综上所述:当 $p>1$ 时, $\int_1^{+\infty}\frac{\sin x}{x^p}dx$ 绝对收敛;而当 $0<p\leqslant 1$ 时, $\int_1^{+\infty}\frac{\sin x}{x^p}dx$ 条件收敛.

性质 5.12 无穷广义积分 $\int_a^{+\infty}f(x)\mathrm{d}x$ 可积的充要条件是:对于任意一个以 a 为首项,各项介于 $[a,+\infty)$ 内,且发散到 $+\infty$ 的数列 $\{a_n\}$,数项级数 $\sum_{n=1}^{\infty}\int_{a_n}^{a_{n+1}}f(x)\mathrm{d}x$ 收敛,且

$$\int_a^{+\infty}f(x)\mathrm{d}x=\sum_{n=1}^{\infty}\int_{a_n}^{a_{n+1}}f(x)\mathrm{d}x.$$

证明:因为

$$\int_a^{+\infty}f(x)\mathrm{d}x=\lim_{c\to+\infty}\int_a^c f(x)\mathrm{d}x,$$

后者看成定义在 $[a,+\infty)$ 上,以自变量为 c 的函数 $F(c)=\int_a^b f(x)\mathrm{d}x$ 的极限,从而利用海涅归结原理:无穷广义积分 $\int_a^{+\infty}f(x)\mathrm{d}x$ 可积(记其值为 I),等价于对于任意一个发散至 $+\infty$ 的数列 $\{a_n\}\subseteq[a,+\infty)$,极限

$$\lim_{n\to\infty}\int_a^{a_n}f(x)\mathrm{d}x=\lim_{n\to\infty}\int_a^{a_n}f(x)\mathrm{d}x=\lim_{n\to\infty}\left(\int_a^{a_1}f(x)\mathrm{d}x+\sum_{i=1}^{n}\int_{a_{i-1}}^{a_i}f(x)\mathrm{d}x\right)$$

等于同一个数 I,后者作为数列 $\{F(a_n)\}$ 的极限,与首项无关,从而等价于对于任意一个以 a 为首项,各项介于 $[a,+\infty)$ 内,且发散到 $+\infty$ 的数列 $\{a_n\}$,数项级数

$$\sum_{n=1}^{\infty}\int_{a_n}^{a_{n+1}}f(x)\mathrm{d}x$$

收敛,且

$$I=\int_a^{+\infty}f(x)\mathrm{d}x=\sum_{n=1}^{\infty}\int_{a_n}^{a_{n+1}}f(x)\mathrm{d}x,$$

证毕.

5.2.2.2 无界广义积分的敛散性

定理 5.17 (柯西准则)无界广义积分 $\int_a^b f(x)\mathrm{d}x$(瑕点为 b) 收敛的充要条件是:对于任意的正数 ε,存在仅与 ε 有关的实数 $\delta(\varepsilon)\in[a,b)$,使得当 $\delta_1,\delta_2\in(b-\delta(\varepsilon),b)$ 时,有 $\left|\int_{\delta_1}^{\delta_2}f(x)\mathrm{d}x\right|<\varepsilon$. 其他类型的无界广义积分收敛可类似叙述.

证明从略.

性质 5.13 (线性性质)若无界广义积分 $\int_a^b f(x)\mathrm{d}x$ 与 $\int_a^b g(x)\mathrm{d}x$(瑕点均为 b) 收敛,则对于任意的常数 k,l, $\int_a^b(kf(x)+lg(x))\mathrm{d}x$ 也收敛,且

$$\int_a^b(kf(x)+lg(x))\mathrm{d}x=k\int_a^b f(x)\mathrm{d}x+l\int_a^b g(x)\mathrm{d}x.$$

利用定义来说明即可,证明从略.

性质5.14　(区间可加性)若无界广义积分$\int_a^b f(x)\mathrm{d}x$的瑕点为b,则对于任意实数$c\in[a,b)$,无界广义积分$\int_a^b f(x)\mathrm{d}x$与$\int_c^b f(x)\mathrm{d}x$同敛散,并且此时

$$\int_a^b f(x)\mathrm{d}x=\int_a^c f(x)\mathrm{d}x+\int_c^b f(x)\mathrm{d}x.$$

利用定义来说明即可,证明从略.

性质5.15　(绝对不等式)若无界广义积分$\int_a^b f(x)\mathrm{d}x$的瑕点为b,且无界广义积分$\int_a^b \left|f(x)\right|\mathrm{d}x$收敛,则$\int_a^b f(x)\mathrm{d}x$也收敛,且

$$\left|\int_a^b f(x)\mathrm{d}x\right|<\int_a^b \left|f(x)\right|\mathrm{d}x.$$

性质5.16　(比较判别法)若$f(x),g(x)$为定义在$[a,b)$上的两个非负函数,瑕点为b,满足关系:$f(x)\leqslant g(x)$,$\forall x\in[a,b)$,且任意实数$c\in[a,b)$,均在闭区间$[a,c]$上(黎曼)可积,则若$\int_a^b g(x)\mathrm{d}x$收敛时,$\int_a^b f(x)\mathrm{d}x$收敛;$\int_a^b f(x)\mathrm{d}x$发散时,$\int_a^b g(x)\mathrm{d}x$发散.

类似于无穷广义积分里此性质的证明,证明从略.

注5.29　比较判别法的极限形式为:基本条件同性质5.16,若进一步地$g(x)$恒正且记

$$\lim_{x\to b^-}\frac{f(x)}{g(x)}=l,$$

则

(1)当$0<l<+\infty$时,$\int_a^b g(x)\mathrm{d}x$与$\int_a^b f(x)\mathrm{d}x$同敛散;

(2)当$l=0$时,$\int_a^b g(x)\mathrm{d}x$收敛,$\int_a^b f(x)\mathrm{d}x$也收敛;

(3)当$l=+\infty$时且$\int_a^b g(x)\mathrm{d}x$发散,则$\int_a^b f(x)\mathrm{d}x$也发散.

注5.30　特别地,如果$g(x)=\frac{1}{|x-b|^p}$时,则在本条性质中

(1)当$f(x)\leqslant\frac{1}{|x-b|^p}$,$p<1$,$\forall x\in[a,b)$时,$\int_a^b f(x)\mathrm{d}x$收敛;

(2)当$f(x)\geqslant\frac{1}{|x-b|^p}$,$p\geqslant1$,$\forall x\in[a,b)$时,$\int_a^b f(x)\mathrm{d}x$发散.

注5.31　对应注5.30的极限形式是:若当$0\leqslant l<+\infty$且$p<1$时,$\int_a^b f(x)\mathrm{d}x$收敛;当$0<l\leqslant+\infty$且$p\geqslant1$时,$\int_a^b f(x)\mathrm{d}x$发散.

例5.13　判别下列无界广义积分的敛散性.

(1)$\int_0^1\frac{\mathrm{d}x}{\sqrt[3]{x^2(1-x)}}$;　　(2)$\int_0^1\frac{\mathrm{d}x}{\sqrt{x}\ln x}$.

解:(1)容易判别:0和1此时均为瑕点,将原广义积分写成$I=\int_0^{\frac{1}{2}}\frac{\mathrm{d}x}{\sqrt[3]{x^2(1-x)}}$与$J=$

$\int_{\frac{1}{2}}^{1}\frac{\mathrm{d}x}{\sqrt[3]{x^2(1-x)}}$之和，可知第一个广义积分只有瑕点 $x=0$，第二个广义积分只有瑕点 $x=1$，分别来讨论这两个无界广义积分的敛散性.

对于 $I=\int_0^{\frac{1}{2}}\frac{\mathrm{d}x}{\sqrt[3]{x^2(1-x)}}$，因为有极限

$$\lim_{x\to0^+}x^{\frac{2}{3}}\frac{1}{\sqrt[3]{x^2(1-x)}}=1,$$

从而由比较判别法的极限形式知，该广义积分收敛；同理对 $J=\int_{\frac{1}{2}}^{1}\frac{\mathrm{d}x}{\sqrt[3]{x^2(1-x)}}$，因为有极限

$$\lim_{x\to1^-}|x-1|^{\frac{1}{3}}\frac{1}{\sqrt[3]{x^2(1-x)}}=\lim_{x\to1^-}(1-x)^{\frac{1}{3}}\frac{1}{\sqrt[3]{x^2(1-x)}}$$

可知第二个无界广义积分也收敛，从而得出无界广义积分 $\int_0^{\frac{1}{2}}\frac{\mathrm{d}x}{\sqrt[3]{x^2(1-x)}}$ 收敛.

(2)容易判别：$x=1$ 此时为瑕点；对于 $x=0$，利用洛必达法则，有极限

$$\lim_{x\to0^+}\sqrt{x}\ \ln x=0,$$

从而 $x=0$ 也是原无界广义积分的瑕点，将原广义积分写成 $I=\int_0^{\frac{1}{2}}\frac{\mathrm{d}x}{\sqrt{x}\ \ln x}$ 与 $J=\int_{\frac{1}{2}}^{1}\frac{\mathrm{d}x}{\sqrt{x}\ \ln x}$ 之和，可知第一个广义积分只有瑕点 $x=0$，第二个广义积分只有瑕点 $x=1$，但是因为被积函数此时非正，转化为考虑两个无界广义积分 $I_1=\int_0^{\frac{1}{2}}-\frac{\mathrm{d}x}{\sqrt{x}\ \ln x}$ 与 $J_1=\int_{\frac{1}{2}}^{1}-\frac{\mathrm{d}x}{\sqrt{x}\ \ln x}$ 的敛散性.

对于 $I_1=\int_0^{\frac{1}{2}}-\frac{\mathrm{d}x}{\sqrt{x}\ \ln x}$，因为有极限

$$\lim_{x\to0^+}x^{\frac{3}{4}}\left(-\frac{1}{\sqrt{x}\ \ln x}\right)=\lim_{x\to0^+}-x^{\frac{1}{4}}\frac{1}{\ln x}=0,$$

从而由比较判别法的极限形式知，I_1 收敛；同理对 $J_1=\int_{\frac{1}{2}}^{1}-\frac{\mathrm{d}x}{\sqrt{x}\ \ln x}$，因为有极限

$$\lim_{x\to1^-}|x-1|\left(-\frac{1}{\sqrt{x}\ \ln x}\right)=\lim_{x\to1^-}(x-1)\frac{1}{\sqrt{x}\ \ln x}=1,$$

可知 I_2 发散，从而得出无界广义积分 $\int_0^1-\frac{\mathrm{d}x}{\sqrt{x}\ \ln x}$ 发散，从而利用线性性质知 $\int_0^1\frac{\mathrm{d}x}{\sqrt{x}\ \ln x}$ 也发散.

性质 5.17 （狄利克雷判别法）若 $f(x)$，$g(x)$ 为定义在 $[a,b)$ 上的两个函数，$f(x)$ 的瑕点为 b，关于 c 的函数 $F(c)=\int_a^b f(x)\mathrm{d}x$ 在 $[a,b)$ 上有界，且 $g(x)$ 在 $[a,b)$ 单调且 $\lim\limits_{x\to b^-}g(x)=0$，则 $\int_a^b f(x)g(x)\mathrm{d}x$ 收敛.

类似于无穷广义积分里此性质的证明，证明从略.

性质5.18　(阿贝尔判别法)若$f(x)$,$g(x)$为定义在$[a,b)$上的两个函数,$f(x)$的瑕点为b,$\int_a^b f(x)\mathrm{d}x$收敛,且$g(x)$在$[a,b)$单调有界,则$\int_a^b f(x)g(x)\mathrm{d}x$收敛.

类似于无穷广义积分里此性质的证明,证明从略.

性质5.19　无界广义积分$\int_a^b f(x)\mathrm{d}x$(瑕点为b)可积的充要条件是:对于任意一个以a为首项,各项介于$[a,b)$内,且收敛到b的数列$\{a_n\}$,数项级数$\sum\limits_{n=1}^{\infty}\int_{a_n}^{a_{n+1}} f(x)\mathrm{d}x$收敛,且

$$\int_a^b f(x)\mathrm{d}x=\sum_{n=1}^{\infty}\int_{a_n}^{a_{n+1}} f(x)\mathrm{d}x.$$

类似于无穷广义积分里此性质的证明,证明从略.

例5.14　讨论$\int_0^1 \frac{\sin\frac{1}{x}}{x^p}\mathrm{d}x,(p>0)$敛散性.

解:当$0<p<1$时,因为

$$\left|\frac{\sin\frac{1}{x}}{x^p}\right|\leqslant\frac{1}{x^p},$$

后者在$(0,1]$上广义可积,从而由比较判别法,此时$\int_0^1 \frac{\sin\frac{1}{x}}{x^p}\mathrm{d}x$收敛,从而$\int_0^1 \frac{\sin\frac{1}{x}}{x^p}\mathrm{d}x$绝对收敛;

而当$1\leqslant p<2$时,因为

$$\frac{\sin\frac{1}{x}}{x^p}=x^{2-p}\frac{\sin\frac{1}{x}}{x^2},$$

此时x^{2-p}单调且有极限

$$\lim_{x\to0^+}x^{2-p}=0,$$

而对于任意$c\in(0,1)$,

$$\left|\int_c^1 \frac{\sin\frac{1}{x}}{x^2}\mathrm{d}x\right|=\left|\int_c^1 \sin\frac{1}{x}\mathrm{d}\frac{1}{x}\right|=\left|\cos\frac{1}{c}-\cos 1\right|\leqslant 2,$$

利用狄利克雷判别法知此时广义积分$\int_0^1 \frac{\sin\frac{1}{x}}{x^p}\mathrm{d}x$收敛,再来考虑$\int_0^1\left|\frac{\sin\frac{1}{x}}{x^p}\right|\mathrm{d}x$. 因为

$$\int_0^1\left|\frac{\sin\frac{1}{x}}{x^p}\right|\mathrm{d}x=\int_0^1\left|x^{2-p}\frac{\sin\frac{1}{x}}{x^2}\right|\mathrm{d}x,$$

$$\left|x^{2-p}\frac{\sin\frac{1}{x}}{x^2}\right|\geqslant x^{2-p}\frac{\sin^2\frac{1}{x}}{x^2}=x^{2-p}\frac{1-\cos\frac{2}{x}}{2x^2}=\frac{1}{2x^p}-x^{2-p}\frac{\cos\frac{2}{x}}{2x^2},$$

当 $1\leqslant p<2$ 时，$\int_0^1 \frac{1}{2x^p}dx$ 发散，而再利用狄利克雷判别法知 $\int_0^1 x^{2-p}\frac{\cos\frac{2}{x}}{2x^2}dx$ 收敛，从而得出 $\int_0^1 x^{2-p}\frac{\sin^2\frac{1}{x}}{x^2}$ 发散，从而此时 $\int_0^1\left|\frac{\sin\frac{1}{x}}{x^p}\right|dx$ 发散；

当 $p=2$ 时，

$$\int_0^1\frac{\sin\frac{1}{x}}{x^2}dx=\lim_{c\to 0^+}\int_c^1\frac{\sin\frac{1}{x}}{x^2}dx=-\lim_{c\to 0^+}\int_c^1\sin\frac{1}{x}d\frac{1}{x}=\lim_{c\to 0^+}\left(\cos 1-\cos\frac{1}{c}\right),$$

后者不存在，从而当 $p=2$ 时，$\int_0^1\frac{\sin\frac{1}{x}}{x^p}dx$ 发散；

最后讨论当 $p>2$ 时，取收敛到 0 的数列 $1,\frac{1}{\pi},\cdots,\frac{1}{n\pi},\cdots$，考虑数项级数

$$\int_{\frac{1}{\pi}}^1\frac{\sin\frac{1}{x}}{x^p}dx+\sum_{n=1}^{\infty}\int_{\frac{1}{(n+1)\pi}}^{\frac{1}{n\pi}}\frac{\sin\frac{1}{x}}{x^p}dx,$$

由于该级数的通项为 $\int_{\frac{1}{(n+1)\pi}}^{\frac{1}{n\pi}}\frac{\sin\frac{1}{x}}{x^p}dx$（敛散性与首项无关，忽略第一项），做变量替换 $t=\frac{1}{x}$，则为 $\int_{n\pi}^{(n+1)\pi}t^{p-2}\sin t\,dt$，因为 t^{p-2} 在 $[n\pi,(n+1)\pi]$ 上单调有界及 $\sin t$ 在每个 $[n\pi,(n+1)\pi]$ 上非负（正），利用积分第二中值定理：存在 $\xi_n\in[n\pi,(n+1)\pi]$，使得

$$\begin{aligned}\left|\int_{n\pi}^{(n+1)\pi}t^{p-2}\sin t\,dt\right|&=\left|(n\pi)^{p-2}\int_{n\pi}^{\xi_n}\sin t\,dt+((n+1)\pi)^{p-2}\int_{\xi_n}^{(n+1)\pi}\sin t\,dt\right|\\&=(n\pi)^{p-2}\int_{n\pi}^{\xi_n}\left|\sin t\right|dt+((n+1)\pi)^{p-2}\int_{\xi_n}^{(n+1)\pi}\left|\sin t\right|dt\\&\geqslant(n\pi)^{p-2}\left(\int_{n\pi}^{\xi_n}\left|\sin t\right|dt+\int_{\xi_n}^{(n+1)\pi}\left|\sin t\right|dt\right)\\&=(n\pi)^{p-2}\int_{n\pi}^{(n+1)\pi}\left|\sin t\right|dt\\&=2(n\pi)^{p-2},\end{aligned}$$

利用 $p>2$ 可知，此时该数项级数的通项发散至 ∞，从而该数项级数发散，从而当 $p>2$，原广义积分发散. 综上所述：当 $0<p<1$ 时，原广义积分绝对收敛；当 $1\leqslant p<2$ 时，原广义积分条件收敛；当 $p\geqslant 2$ 时，原广义积分发散.

习题

1. 求下列广义积分的值.

(1) $\int_{2}^{+\infty}\frac{\mathrm{d}x}{x^2-1}$;

(2) $\int_{0}^{+\infty}\frac{\mathrm{d}x}{(x^2+p)(x^2+q)},(p,q>0)$;

(3) $\int_{-\infty}^{+\infty}\mathrm{e}^{-ax^2}x\mathrm{d}x,(a>0)$;

(4) $\int_{0}^{+\infty}\frac{\mathrm{d}x}{(x^2+x+1)^2}$;

(5) $\int_{1}^{+\infty}\frac{x\ln x\mathrm{d}x}{(x^2+1)^2}$;

(6) $\int_{0}^{+\infty}\frac{x\mathrm{d}x}{(x^2+x+1)^{\frac{5}{2}}}$;

(7) $\int_{1}^{+\infty}\frac{\mathrm{d}x}{x\sqrt{x^{10}+x^5+1}}$;

(8) $\int_{0}^{+\infty}\frac{\arctan x\mathrm{d}x}{(x^2+1)^{\frac{3}{2}}}$;

(9) $\int_{0}^{+\infty}x^n\mathrm{e}^{-x}\mathrm{d}x,n\in\mathbf{N}^*$;

(10) $\int_{1}^{+\infty}\frac{\mathrm{d}x}{x(x+1)\cdots(x+n)},n\in\mathbf{N}^*$;

(11) $\int_{0}^{2}\frac{\mathrm{d}x}{\sqrt{|x-1|}}$;

(12) $\int_{0}^{1}\sqrt{\frac{x}{1-x}}\mathrm{d}x$;

(13) $\int_{0}^{\frac{1}{2}}\frac{\mathrm{d}x}{x(\ln x)^3}$;

(14) $\int_{0}^{1}\frac{\mathrm{d}x}{\sqrt{x(1-x)}}$;

(15) $\int_{1}^{3}\ln\sqrt{\frac{\pi}{|2-\pi|}}\mathrm{d}x$;

(16) $\int_{0}^{1}\frac{\mathrm{d}x}{(2-x)\sqrt{(1-x)}}$;

(17) $\int_{0}^{1}\frac{x^n\mathrm{d}x}{\sqrt{(1+x)(1-x)}},n\in\mathbf{N}^*$;

(18) $\int_0^{\frac{\pi}{2}} \ln \sin x \mathrm{d}x$;

(19) $\int_0^{\frac{\pi}{2}} \ln \cos x \mathrm{d}x$;

(20) $\int_D \frac{\mathrm{e}^{-\frac{\pi}{2}} |\sin x - \cos x|}{\sqrt{\sin x}} \mathrm{d}x$,其中 D 为 $(0, +\infty)$ 中使被积函数有定义的所有点构成的集合.

2. 讨论下列广义积分的敛散性.

(1) $\int_1^{+\infty} \sin \frac{1}{x^2} \mathrm{d}x$;

(2) $\int_0^{+\infty} \frac{\mathrm{d}x}{1 + x|\sin x|}$;

(3) $\int_0^{+\infty} \frac{\mathrm{d}x}{1 + x^2 \sin^2 x}$;

(4) $\int_0^{+\infty} \frac{x^m}{1 + x^n} \mathrm{d}x, (m, n > 0)$;

(5) $\int_0^{+\infty} \frac{\arctan ax \mathrm{d}x}{x^n}, a \neq 0$;

(6) $\int_1^{+\infty} \frac{\ln(1 + x) \mathrm{d}x}{x^n}$;

(7) $\int_0^{+\infty} \frac{x^m \arctan x \mathrm{d}x}{3 + x^n}, n \geqslant 0$;

(8) $\int_1^{+\infty} \frac{x}{1 - \mathrm{e}^x} \mathrm{d}x$;

(9) $\int_0^{+\infty} \frac{\cos ax \mathrm{d}x}{1 + x^n}, a \neq 0, n \in \mathbf{N}$;

(10) $\int_1^{+\infty} x^p \sin x \mathrm{d}x, p > 2$;

(11) $\int_0^1 \frac{\sin x \mathrm{d}x}{x^{\frac{3}{2}}}$;

(12) $\int_0^1 \frac{\ln x \mathrm{d}x}{1 - x^2}$;

(13) $\int_0^{\frac{\pi}{2}} \frac{\mathrm{d}x}{\sin^m x \cos^n x}$;

(14) $\int_0^1 \left| \ln x \right|^p \mathrm{d}x$;

(15) $\int_0^{\frac{\pi}{2}} \frac{1 - \cos x}{x^m} \mathrm{d}x$;

(16) $\int_0^1 x^{m-1} (1 - x)^{n-1} \ln x \mathrm{d}x$;

(17) $\int_0^{+\infty} \mathrm{e}^{-x} \ln x \mathrm{d}x$;

(18) $\int_0^1 x^m (\ln x)^n \mathrm{d}x$;

(19) $\int_0^{+\infty} \frac{\mathrm{d}x}{x^m + x^n}$;

(20) $\int_0^{\frac{\pi}{2}} \frac{\ln \sin x}{\sqrt{x}} \mathrm{d}x$;

(21) $\int_{\mathrm{e}}^{+\infty} \frac{\mathrm{d}x}{x^m (\ln x)^n (\ln \ln x)^l}$;

(22) $\int_{-\infty}^{+\infty} \frac{\mathrm{d}x}{|x - a_1|^{m_1} |x - a_2|^{m_2} \cdots |x - a_n|^{m_n}}$,其中 $a_1, \cdots, a_n$ 互不相同;

(23) $\int_0^{+\infty} \frac{P_m(x)}{Q_n(x)} \mathrm{d}x$,其中 $P_m(x), Q_n(x)$ 分别为次数是 m, n 的两个互素的多项式.

3. 讨论下列广义积分的绝对收敛性和条件收敛性.

(1) $\int_0^{+\infty} \frac{\sqrt{x} \cos x}{x + 100} \mathrm{d}x$;

(2) $\int_2^{+\infty} \frac{\ln \ln x}{\ln x} \sin x \mathrm{d}x$;

(3) $\int_1^{+\infty} \frac{\sin \sqrt{x}}{x} \sin x \mathrm{d}x$;

(4) $\int_0^{+\infty} \frac{\operatorname{sgn}(\sin x)}{x^2 + 1} \mathrm{d}x$;

(5) $\int_0^{+\infty} x^p \sin^q x \mathrm{d}x, q \neq 0$;　　(6) $\int_0^{+\infty} \frac{x^p \sin x}{1 + x^q} \mathrm{d}x, q \geqslant 0$;

(7) $\int_0^{+\infty} \frac{\sin\left(x + \frac{1}{x}\right)}{x^q} \mathrm{d}x$;　　(8) $\int_0^{+\infty} \frac{\mathrm{e}^{\sin x} \sin 2x}{x^q} \mathrm{d}x, q > 0$;

(9) $\int_0^{\pi} \frac{\sin^{p-1} x}{|1 + k \cos x|^p} \mathrm{d}x$;

(10) $\int_a^{+\infty} \frac{P_m(x)}{Q_n(x)} \sin x \mathrm{d}x$,其中 $P_m(x)$,$Q_n(x)$ 分别为次数是 m,n 的两个互素的多项式,常数项均非零,且恒有 $Q_n(x) > 0$.

4. 设 $f(x)$ 是 $[0,+\infty)$ 上的一致连续函数,并且积分 $\int_0^{+\infty} f(x) \mathrm{d}x$ 收敛,求证:$\lim\limits_{x \to +\infty} f(x) = 0$,如果只有在 $[0,+\infty)$ 上连续非负,能否得出同样的结论?

5. 若 $f(x)$,$g(x)$ 在任何区间 $[a,A]$ 上都可积,且 $f^2(x)$,$g^2(x)$ 在 $[a,+\infty)$ 上均可积,求证:$[f(x)+g(x)]^2$,$|f(x)g(x)|$ 在 $[a,+\infty)$ 上均可积.

6. 若自变量 $x \to 0$ 时,$f(x)$ 单调上升,且发散 $+\infty$,求证:若 $\int_0^1 f(x) \mathrm{d}x$ 收敛,则 $\lim\limits_{x \to 0} xf(x) = 0$.

7. 若函数 $f(x)$ 在 $[a, +\infty)$ 上单调下降,且 $\lim\limits_{x \to +\infty} f(x) = 0$,且 $f'(x)$ 在 $[a, +\infty)$ 上连续,则 $\int_a^{+\infty} f'(x) \sin^2 x \mathrm{d}x$.

8. 若函数 $f(x)$ 在 $[1, +\infty)$ 上单调下降,且 $\lim\limits_{x \to +\infty} f(x) = 0$,求证:无穷广义积分 $\int_1^{+\infty} f(x) \mathrm{d}x$ 与级数 $\sum\limits_{n=1}^{\infty} f(n)$ 同敛散.

9. 若无穷广义积分 $\int_a^{+\infty} f(x) \mathrm{d}x$ 绝对收敛,函数 $g(x)$ 在 $[a, +\infty)$ 上有界,求证:广义积分 $\int_a^{+\infty} f(x) g(x) \mathrm{d}x$ 收敛;进一步地,$g(x)$ 在 $[a, +\infty)$ 上有界连续,则广义积分 $\int_a^{+\infty} f(x) g(x) \mathrm{d}x$ 绝对收敛.

10. 若只有无穷广义积分 $\int_a^{+\infty} f(x) \mathrm{d}x$ 收敛,能否推出 $\lim\limits_{x \to +\infty} f(x) = 0$? 如果加条件 $\lim\limits_{x \to +\infty} f(x)$ 存在呢? 反之,是否成立?

11. 若无穷广义积分 $\int_a^{+\infty} f(x) \mathrm{d}x$ 收敛,$f(x)$ 在 $[a, +\infty)$ 上单调,则 $\lim\limits_{x \to +\infty} xf(x) = 0$.

12. 若函数 $f(x)$ 在 $[a, +\infty)$ 上有连续的导函数,且 $\int_a^{+\infty} f(x) \mathrm{d}x$ 与 $\int_a^{+\infty} f'(x) \mathrm{d}x$ 都收敛,则 $\lim\limits_{x \to +\infty} f(x) = 0$.

13. 若函数 $f(x)$ 在 $[a, +\infty)$ 上可导且单调下降,且 $\lim\limits_{x \to +\infty} f(x) = 0$. 求证:$\int_a^{+\infty} f(x) \mathrm{d}x$ 收敛当且仅当 $\int_a^{+\infty} xf'(x) \mathrm{d}x$ 收敛.

14. 若无穷广义积分$\int_a^{+\infty} f(x)\mathrm{d}x$绝对收敛,且$\lim\limits_{x\to+\infty} f(x)=0$,求证:$\int_a^{+\infty} f^2(x)\mathrm{d}x$收敛.

15. 若函数$f(x)$在$[a,+\infty)$上非负连续,且$\int_a^{+\infty} xf(x)\mathrm{d}x$收敛,求证:$\int_a^{+\infty} f(x)\mathrm{d}x$也收敛.

16. 若函数$f(x)$在$[1,+\infty)$上取值为正且二阶连续可微,且有$\lim\limits_{x\to+\infty} f''(x)=+\infty$,求证:无穷广义积分$\int_1^{+\infty}\frac{1}{f(x)}\mathrm{d}x$收敛.

17. 若函数$f(x)$在$[a,+\infty)$上非负连续,且$\int_a^{+\infty} f(x)\mathrm{d}x=0$,求证:$f(x)\equiv 0$.

18. 若函数$f(x)$在$[a,+\infty)$上可导且导函数有界,且$\int_a^{+\infty} f(x)\mathrm{d}x$收敛,则且$\lim\limits_{x\to+\infty} f(x)=0$.

19. 计算下列广义积分的值.

(1) $\int_0^1 (\ln x)^n \mathrm{d}x$;

(2) $\int_0^1 \frac{x^n}{\sqrt{1-x}}\mathrm{d}x$;

(3) $\int_0^{\frac{\pi}{2}} \ln(\sin x)\mathrm{d}x$;

(4) $\int_0^{\pi} x\ln(\sin x)\mathrm{d}x$;

(5) $\int_0^{\pi} \frac{x\sin x}{1-\cos x}\mathrm{d}x$;

(6) $\int_0^{\frac{\pi}{2}} \ln(\tan x)\mathrm{d}x$;

(7) $\int_0^{+\infty} \frac{\ln x}{1+x^2}\mathrm{d}x$;

(8) $\int_0^{+\infty} \frac{1-\mathrm{e}^{-x^2}}{x^2}\mathrm{d}x$;

(9) $\int_0^1 \left[\int_x^{\sqrt{x}} \frac{\sin y}{y}\mathrm{d}y\right]\mathrm{d}x$;

(10) $\int_{\frac{\pi}{4}}^{\frac{\pi}{2}} \frac{1+\sin x}{1+\cos x}\mathrm{e}^x\mathrm{d}x$;

(11) $\int_0^1 \sqrt{\ln\frac{1}{x}}\mathrm{d}x$;

(12) $\int_0^{\frac{\pi}{2}} x\cot x\mathrm{d}x$;

(13) $\int_0^1 \frac{\ln x}{\sqrt{1-x^2}}\mathrm{d}x$;

(14) $\int_0^{+\infty} \left(\frac{1}{|x|}-\frac{1}{x}\right)\mathrm{d}x$;

(15) $\int_0^{+\infty} \frac{\ln x}{\sqrt{x}(1+x)}\mathrm{d}x$;

(16) $\int_0^{+\infty} \frac{\mathrm{e}^{-x^2}}{\left(\frac{1}{2}+x^2\right)^2}\mathrm{d}x$;

20. 设函数$f(x)$在$[a,+\infty)$上连续,$0<a<b$,求证:

(1) 当$\lim\limits_{x\to+\infty} f(x)=k$,则$\int_0^{+\infty} \frac{f(ax)-f(bx)}{x}\mathrm{d}x=(f(0)-k)\ln\frac{b}{a}$;

(2) 当$\int_a^{+\infty} \frac{f(x)}{x}\mathrm{d}x$收敛,则$\int_0^{+\infty} \frac{f(ax)-f(bx)}{x}\mathrm{d}x=f(0)\ln\frac{b}{a}$.

5.3 含参变量的积分

5.3.1 含参变量的正常积分

定理 5.18 设二元函数$f(x,y)$在矩形区域$[a,b]\times[c,d]$上连续,则关于y的函数$F(y)=$

$\int_a^b f(x,y)\mathrm{d}x$ 与关于 x 的函数 $G(x)=\int_c^d f(x,y)\mathrm{d}y$ 分别在闭区间 $[c,d]$ 和 $[a,b]$ 上连续.

证明第一个结果就行,第二个类似.

由于 $f(x,y)$ 在 $[a,b]\times[c,d]$ 上连续,从而在 $[a,b]\times[c,d]$ 上一致连续,则对于任意正数 ε,存在仅与 ε 有关的正数 $\delta(\varepsilon)$,对于任意 $x',x''\in[a,b]$ 且 $y',y''\in[c,d]$,当 $|x'-x''|<\delta(\varepsilon)$ 和 $|y'-y''|<\delta(\varepsilon)$ 时,有 $|f(x',y')-f(x'',y'')|<\varepsilon$ 成立,对于闭区间 $[c,d]$ 上的任意一点 y_0,取 $x'=x''=x,\Delta y=\frac{\delta(\varepsilon)}{2},y'=y_0,y''=y_0+\Delta y$,则有

$$\begin{aligned}\left|F(y_0+\Delta y)-F(y_0)\right| &= \left|\int_a^b (f(x,y_0+\Delta y)-f(x,y_0))\mathrm{d}x\right| \\ &\leqslant \int_a^b \left|(f(x,y_0+\Delta y)-f(x,y_0))\right|\mathrm{d}x < \int_a^b \varepsilon\mathrm{d}x \\ &= \varepsilon(b-a),\end{aligned}$$

证毕.

注 5.32 该定理结果也可简记为

$$\lim_{y\to y_0}\int_a^b f(x,y)\mathrm{d}x=\int_a^b f(x,y_0)\mathrm{d}x \text{ 与} \lim_{x\to x_0}\int_c^d f(x,y)\mathrm{d}y=\int_c^d f(x_0,y)\mathrm{d}y.$$

定理 5.19 设二元函数 $f(x,y)$ 及其关于 y 的偏导函数都在矩形区域 $[a,b]\times[c,d]$ 上连续,则

$$\frac{\mathrm{d}}{\mathrm{d}y}\int_a^b f(x,y)\mathrm{d}x=\int_a^b \frac{\partial f(x,y)}{\partial y}\mathrm{d}x.$$

证明:由定理5.18可知 $\int_a^b f(x,y)\mathrm{d}x$ 在闭区间 $[c,d]$ 上连续,且对于闭区间 $[c,d]$ 上的任意一点 y_0 及 Δy,使得 $y_0+\Delta y\in[c,d]$,则利用拉格朗日中值定理,有

$$f(x,y_0+\Delta y)-f(x,y_0)=\frac{\partial f(x,y_0+\theta\Delta y)}{\partial y}\Delta y,$$

这里的 $\theta\in[0,1]$ 且与 $x,y_0,\Delta y$ 有关的一个数,从而在 y_0 处,有

$$\begin{aligned}\frac{\mathrm{d}}{\mathrm{d}y}\bigg|_{y=y_0}\int_a^b f(x,y)\mathrm{d}x &= \lim_{\Delta y\to 0}\frac{\int_a^b f(x,y_0+\Delta y)\mathrm{d}x-\int_a^b f(x,y_0)\mathrm{d}x}{\Delta y} \\ &= \lim_{\Delta y\to 0}\frac{\int_a^b \frac{\partial f(x,y_0+\theta\Delta y)\Delta y\mathrm{d}x}{\partial y}}{\Delta y} \\ &= \lim_{\Delta y\to 0}\int_a^b \frac{\partial f(x,y_0+\theta\Delta y)}{\partial y}\mathrm{d}x,\end{aligned}$$

由 $f(x,y)$ 关于 y 的偏导函数都在矩形区域 $[a,b]\times[c,d]$ 上连续,利用定理5.18得证,证毕.

例 5.15 求函数 $F(y)=\int_0^1 \ln(x^2+y^2)\mathrm{d}x\,(y>0)$ 的导函数.

解:在每个大于零的 y 处,总可以找到两个正实数 a,b,有 $y\in[a,b]$,易知二元函数 $\ln(x^2+y^2)$ 及其关于 y 的偏导函数 $\frac{2y}{x^2+y^2}$ 均在矩形区域 $[0,1]\times[a,b]$ 上连续. 从而根据定理5.19得出

$$F'(y)=\int_0^1\frac{\partial\ln(x^2+y^2)}{\partial y}\mathrm{d}x=\int_0^1\frac{2y}{x^2+y^2}\mathrm{d}x$$

$$=2\int_0^1\frac{\mathrm{d}\left(\frac{x}{y}\right)}{\left(\frac{x}{y}\right)^2+1}\mathrm{d}x=2\arctan\frac{x}{y}\Bigg|_{x=0}^{x=1}=2\arctan\frac{1}{y}.$$

定理 5.20　设二元函数$f(x,y)$在矩形区域$[a,b]\times[c,d]$上连续，函数$a(y),b(y)$均在$[c,d]$上连续，取值属于$[a,b]$，则$F(y)=\int_{a(y)}^{b(y)}f(x,y)\mathrm{d}x$在$[c,d]$上连续.

证明：对于闭区间$[c,d]$上的任意一点y_0及Δy，使得$y_0+\Delta y\in[c,d]$，则

$$\begin{aligned}&|F(y_0+\Delta y)-F(y_0)|\\&=\left|\int_{a(y_0+\Delta y)}^{b(y_0+\Delta y)}f(x,y_0+\Delta y)\mathrm{d}x-\int_{a(y_0)}^{b(y_0)}f(x,y_0)\mathrm{d}x\right|\\&\leqslant\left|\int_{a(y_0)}^{b(y_0)}f(x,y_0+\Delta y)\mathrm{d}x-\int_{a(y_0)}^{b(y_0)}f(x,y_0)\mathrm{d}x\right|+\left|\int_{a(y_0+\Delta y)}^{a(y_0)}f(x,y_0+\Delta y)\mathrm{d}x\right|+\\&\quad\left|\int_{b(y_0)}^{b(y_0+\Delta y)}f(x,y_0+\Delta y)\mathrm{d}x\right|\\&\leqslant\left|\int_{a(y_0)}^{b(y_0)}\left|(f(x,y_0+\Delta y)\mathrm{d}x-f(x,y_0))\right|\mathrm{d}x\right|+\left|\int_{a(y_0+\Delta y)}^{a(y_0)}f(x,y_0+\Delta y)\mathrm{d}x\right|+\\&\quad\left|\int_{b(y_0)}^{b(y_0+\Delta y)}f(x,y_0+\Delta y)\mathrm{d}x\right|.\end{aligned}$$

由于$f(x,y)$在矩形区域$[a,b]\times[c,d]$上连续，则有界，从而存在非负实数M，使得$|f(x,y)|\leqslant M$，从而有

$$\left|\int_{a(y_0+\Delta y)}^{a(y_0)}f(x,y_0+\Delta y)\mathrm{d}x\right|\leqslant\left|\int_{a(y_0+\Delta y)}^{a(y_0)}\left|f(x,y_0+\Delta y)\right|\mathrm{d}x\right|\leqslant M\left|a(y_0+\Delta y)-a(y_0)\right|,$$

与

$$\left|\int_{b(y_0)}^{b(y_0+\Delta y)}f(x,y_0+\Delta y)\mathrm{d}x\right|\leqslant\left|\int_{b(y_0)}^{b(y_0+\Delta y)}\left|f(x,y_0+\Delta y)\right|\mathrm{d}x\right|\leqslant M\left|b(y_0+\Delta y)-b(y_0)\right|,$$

综上所述有

$$\begin{aligned}|F(y_0+\Delta y)-F(y_0)|\leqslant&\left|\int_{a(y_0)}^{b(y_0)}\left|(f(x,y_0+\Delta y)\mathrm{d}x-f(x,y_0))\right|\mathrm{d}x\right|+\\&M|a(y_0+\Delta y)-a(y_0)|+M|b(y_0+\Delta y)-b(y_0)|.\end{aligned}$$

再利用函数$a(y),b(y)$均在$[c,d]$上连续，以及本节定理5.18，令$\Delta y\to 0$，得

$$|F(y_0+\Delta y)-F(y_0)|\to 0.$$

证毕.

例 5.16　求$\lim\limits_{a\to 0}\int_a^{1+a}\frac{\mathrm{d}x}{1+x+a^2}$.

解：记

$$I(a)=\int_a^{1+a}\frac{\mathrm{d}x}{1+x+a^2},$$

因为 $a,1$ [illegible] 续,从而由定理5.20知 $I(a)$ 在 $a=0$ 处连续,从而

$$\lim_{a\to 0}\int_a^{1+a}\frac{\mathrm{d}x}{1+x+a^2}=I(0)=\int_0^1\frac{\mathrm{d}x}{1+x}=\ln 2.$$

定理5.21　设二元函数 $f(x,y)$ 及其关于 y 的偏导函数都在矩形区域 $[a,b]\times[c,d]$ 上连续,$a(y)$,$b(y)$ 均为定义在 $[c,d]$ 上,取值属于 $[a,b]$ 的可导函数,取值属于 $[a,b]$,则 $F(y)=\int_{a(y)}^{b(y)}f(x,y)\,\mathrm{d}x$ 在 $[c,d]$ 上可导,且

$$F'(y)=\int_{a(y)}^{b(y)}\frac{\partial f(x,y)}{\partial y}\mathrm{d}x+f((b(y),y)b'(y)-f((a(y),y)a'(y).$$

证明:对于闭区间 $[c,d]$ 上的任意一点 y_0 及 Δy,使得 $y_0+\Delta y\in[c,d]$,则

$$\begin{aligned}
&F(y_0+\Delta y)-F(y_0)\\
&=\int_{a(y_0+\Delta y)}^{b(y_0+\Delta y)}f(x,y_0+\Delta y)\,\mathrm{d}x-\int_{a(y_0)}^{b(y_0)}f(x,y_0)\,\mathrm{d}x\\
&=\int_{a(y_0)}^{b(y_0)}(f(x,y_0+\Delta y)-f(x,y_0))\,\mathrm{d}x+\int_{b(y_0)}^{b(y_0+\Delta y)}f(x,y_0+\Delta y)\,\mathrm{d}x-\int_{a(y_0)}^{a(y_0+\Delta y)}f(x,y_0+\Delta y)\,\mathrm{d}x\\
&=\int_{a(y_0)}^{b(y_0)}(f(x,y_0+\Delta y)-f(x,y_0))\,\mathrm{d}x+\int_{b(y_0)}^{b(y_0+\Delta y)}(f(x,y_0+\Delta y)-f(x,y_0))\,\mathrm{d}x+\\
&\int_{b(y_0)}^{b(y_0+\Delta y)}f(x,y_0)\,\mathrm{d}x-\int_{a(y_0)}^{a(y_0+\Delta y)}(f(x,y_0+\Delta y)-f(x,y_0))\,\mathrm{d}x-\int_{a(y_0)}^{a(y_0+\Delta y)}f(x,y_0)\,\mathrm{d}x.
\end{aligned}$$

则利用拉格朗日中值定理,有

$$f(x,y_0+\Delta y)-f(x,y_0)=\frac{\partial f(x,y_0+\Delta y)}{\partial y}\Delta y,$$

这里的 $\theta\in[0,1]$ 且与 $x,y_0,\Delta y$ 有关的一个数,则有

$$\begin{aligned}
&\frac{F(y_0+\Delta y)-F(y_0)}{\Delta y}\\
&=\int_{a(y_0)}^{b(y_0)}\frac{f(x,y_0+\Delta y)-f(x,y_0)}{\Delta y}\mathrm{d}x+\int_{b(y_0)}^{b(y_0+\Delta y)}\frac{f(x,y_0+\Delta y)-f(x,y_0)}{\Delta y}\mathrm{d}x+\\
&\frac{1}{\Delta y}\int_{b(y_0)}^{b(y_0+\Delta y)}f(x,y_0)\,\mathrm{d}x-\int_{a(y_0)}^{a(y_0+\Delta y)}\frac{f(x,y_0+\Delta y)-f(x,y_0)}{\Delta y}\mathrm{d}x-\frac{1}{\Delta y}\int_{a(y_0)}^{a(y_0+\Delta y)}f(x,y_0)\,\mathrm{d}x.
\end{aligned}$$

则上式右端第一部分利用本节定理5.19,令 $\Delta y\to 0$ 时,

$$\int_{a(y_0)}^{b(y_0)}\frac{f(x,y_0+\Delta y)-f(x,y_0)}{\Delta y}\mathrm{d}x\to\int_{a(y_0)}^{b(y_0)}\frac{\partial f(x,y_0)}{\partial y}\mathrm{d}x,$$

第三部分利用积分第一中值定理知

$$\frac{1}{\Delta y}\int_{b(y_0)}^{b(y_0+\Delta y)}f(x,y_0)\,\mathrm{d}x=\frac{f(\xi,y_0)(b(y_0+\Delta y)-b(y_0))}{\Delta y},$$

ξ 位于 $b(y_0)$ 与 $b(y_0+\Delta y)$ 之间,令 $\Delta y\to 0$ 时,则有

$$\frac{f(\xi,y_0)(b(y_0+\Delta y)-b(y_0))}{\Delta y}\to f(b(y_0),y_0)b'(y_0).$$

同理可知第五部分当 $\Delta y\to 0$ 时,极限为 $f(a(y_0),y_0)a'(y_0)$.

最后考虑第二部分,第四部分同理. 由于

$$\int_{b(y_0)}^{b(y_0+\Delta y)} \frac{(f(x,y_0+\Delta y)-f(x,y_0))}{\Delta y}\mathrm{d}x = \int_{b(y_0)}^{b(y_0+\Delta y)} \frac{\partial f(x,y_0+\theta\Delta y)}{\partial y}\mathrm{d}x,$$

且 $f(x,y)$ 关于 y 的偏导函数在矩形区域 $[a,b]\times[c,d]$ 上连续,从而有界,即存在非负实数 M,在矩形区域 $[a,b]\times[c,d]$ 上满足 $\left|\frac{\partial f(x,y)}{\partial y}\right| \leqslant M$,从而

$$\left|\int_{b(y_0)}^{b(y_0+\Delta y)} \frac{\partial f(x,y_0+\theta\Delta y)}{\partial y}\mathrm{d}x\right| \leqslant M\,|\,b(y_0+\Delta y)-b(y_0)\,|.$$

再利用 $b(y)$ 的连续性及两边夹准则,知当 $\Delta y\to 0$ 时,

$$\int_{b(y_0)}^{b(y_0+\Delta y)} \frac{(f(x,y_0+\Delta y)-f(x,y_0))}{\Delta y}\mathrm{d}x \to 0.$$

综合上述过程,便得出定理. 证毕.

例 5.17　求 $F(y)=\int_y^{y^2}\frac{\sin xy}{x}\mathrm{d}x$ 的导函数.

解:易验证定理 5.21 的条件均满足,从而直接由定理 5.21 得出:

$$\begin{aligned}
F'(y) &= \int_y^{y^2}\frac{\partial \frac{\sin xy}{x}}{\partial y}\mathrm{d}x + \frac{\sin y^2y}{y^2}2y - \frac{\sin yy}{y} \\
&= \int_y^{y^2}\cos xy\mathrm{d}x + \frac{2\sin y^3}{y} - \frac{\sin y^2}{y} \\
&= \frac{\sin xy}{y}\Bigg|_y^{y^2} + \frac{2\sin y^3}{y} - \frac{\sin y^2}{y} \\
&= \frac{3\sin y^3 - 2\sin y^2}{y}.
\end{aligned}$$

定理 5.22　设二元函数 $f(x,y)$ 在矩形区域 $[a,b]\times[c,d]$ 上连续,则

$$\int_c^d\left(\int_a^b f(x,y)\mathrm{d}x\right)\mathrm{d}y = \int_a^b\left(\int_c^d f(x,y)\mathrm{d}y\right)\mathrm{d}x.$$

证明:只需证明对于任意的 $z\in[c,d]$ 有

$$\int_c^z\left(\int_a^b f(x,y)\mathrm{d}x\right)\mathrm{d}y = \int_a^b\left(\int_c^z f(x,y)\mathrm{d}y\right)\mathrm{d}x,$$

而当 $z=c$ 时,由已知条件可知该等式显然成立,而利用已知条件及定理 5.18 可知:上式左边关于 z 可导,右边的内侧表达式 $\int_c^z f(x,y)\mathrm{d}y$ 视作关于 x,z 的二元函数, 因为

$$\begin{aligned}
&\left|\int_c^{z+\Delta z} f(x+\Delta x,y)\mathrm{d}y - \int_c^z f(x,y)\mathrm{d}y\right| \\
&= \left|\int_c^{z+\Delta z}(f(x+\Delta x,y)-f(x,y))\mathrm{d}y + \int_c^{z+\Delta z} f(x,y)\mathrm{d}x - \int_c^z f(x,y)\mathrm{d}x\right| \\
&= \left|\int_c^{z+\Delta z}(f(x+\Delta x,y)-f(x,y))\mathrm{d}y + \int_z^{z+\Delta z} f(x,y)\mathrm{d}x\right| \\
&\leqslant \left|\int_c^{z+\Delta z}\left|f(x+\Delta x,y)-f(x,y)\right|\mathrm{d}y\right| + \left|\int_z^{z+\Delta z}\left|f(x,y)\right|\mathrm{d}x\right|
\end{aligned}$$

$$\leqslant \int_c^d \left| f(x+\Delta x,y) - f(x,y) \right| \mathrm{d}y + \left| \int_z^{z+\Delta z} \left| f(x,y) \right| \mathrm{d}x \right|.$$

类似定理 5.18 的证明,及 $f(x,y)$ 在 $[a,b]\times[c,d]$ 上连续性可推出有界性,得出关于 x,z 的二元函数 $\int_c^z f(x,y)\mathrm{d}y$ 连续,且其关于 z 的偏导 $f(x,z)$ 连续. 因此,只需再证明该等式两边对 z 求导相等即可,而这可以利用定理 5.21 及变积分上限函数求导得出,证毕.

注 5.33 此处的条件 $f(x,y)$ 在矩形区域 $[a,b]\times[c,d]$ 上连续一般不可以省略.

例 5.18 求积分 $I=\int_0^1 \frac{x^b-x^a}{\ln x}\mathrm{d}x\,(b>a>0)$.

解:

$$I=\int_0^1 \frac{x^b-x^a}{\ln x}\mathrm{d}x=\int_0^1 \frac{x^y\big|_{y=a}^{y=b}}{\ln x}\mathrm{d}x=\int_0^1 \frac{\int_a^b \ln x\, x^y\mathrm{d}y}{\ln x}\mathrm{d}x=\int_0^1\left(\int_a^b x^y\mathrm{d}y\right)\mathrm{d}x,$$

因为 x^y 在矩形区域 $[0,1]\times[a,b]$ 上连续,从而由定理 5.22 可知

$$\begin{aligned}I&=\int_0^1\left(\int_a^b x^y\mathrm{d}y\right)\mathrm{d}x=\int_a^b\left(\int_0^1 x^y\mathrm{d}x\right)\mathrm{d}y\\&=\int_a^b \frac{x^{y+1}}{y+1}\Big|_{x=0}^{x=1}\mathrm{d}y=\int_a^b\frac{1}{1+y}\mathrm{d}y\\&=\ln(1+y)\Big|_{y=a}^{y=b}=\ln\frac{1+b}{1+a}.\end{aligned}$$

例 5.19 求 $I(a)=\int_0^{\frac{\pi}{2}}\ln(a^2-\sin^2 x)\mathrm{d}x,(a>1)$.

解: 因为被积函数 $\ln(a^2-\sin^2 x)$ 在矩形区域 $\left[0,\frac{\pi}{2}\right]\times[a_1,a_2]$, $a_2>a_1>0$ 上连续,并且其关于 a 的偏导函数为 $\frac{2a}{a^2-\sin^2 x}$ 也在 $\left[0,\frac{\pi}{2}\right]\times[a_1,a_2]$ 上连续,从而利用定理 5.21,

$$I'(a)=\int_0^{\frac{\pi}{2}}\frac{2a}{a^2-\sin^2 x}\mathrm{d}x=\int_0^{\frac{\pi}{2}}\frac{\mathrm{d}x}{a-\sin x}+\int_0^{\frac{\pi}{2}}\frac{\mathrm{d}x}{a+\sin x}.$$

分别记 $I_1(a)=\int_0^{\frac{\pi}{2}}\frac{\mathrm{d}x}{a-\sin x}$, $I_2(a)=\int_0^{\frac{\pi}{2}}\frac{\mathrm{d}x}{a+\sin x}$. 利用万能代换: $\sin x=\frac{2\tan\frac{x}{2}}{1+\tan^2\frac{x}{2}}$, 令 $u=\tan\frac{x}{2}$,

则 $x=2\arctan u$, 从而有

$$I_1(a)=\int_0^1\frac{2\mathrm{d}u}{a(1+u^2)-2u}=\frac{2}{a}\int_0^1\frac{\mathrm{d}u}{\left(u-\frac{1}{a}\right)^2+\left(1-\frac{1}{a^2}\right)}$$

$$=\frac{2}{a\sqrt{1-\frac{1}{a^2}}}\int_0^1\frac{\mathrm{d}\frac{\left(u-\frac{1}{a}\right)}{\sqrt{1-\frac{1}{a^2}}}}{\left(\frac{\left(u-\frac{1}{a}\right)}{\sqrt{1-\frac{1}{a^2}}}\right)^2+1}=\frac{2}{a\sqrt{1-\frac{1}{a^2}}}\arctan\left(\frac{\left(u-\frac{1}{a}\right)}{\sqrt{1-\frac{1}{a^2}}}\right)\Bigg|_{u=0}^{u=1}$$

$$=\frac{2}{a\sqrt{1-\frac{1}{a^2}}}\left(\arctan\left(\frac{\left(1-\frac{1}{a}\right)}{\sqrt{1-\frac{1}{a^2}}}\right)+\arctan\left(\frac{\frac{1}{a}}{\sqrt{1-\frac{1}{a^2}}}\right)\right).$$

$$I_2(a)=\int_0^1\frac{2\mathrm{d}u}{a(1+u^2)+2u}=\frac{2}{a}\int_0^1\frac{\mathrm{d}u}{\left(u+\frac{1}{a}\right)^2+\left(1-\frac{1}{a^2}\right)}$$

$$=\frac{2}{a\sqrt{1-\frac{1}{a^2}}}\int_0^1\frac{\mathrm{d}\frac{\left(u+\frac{1}{a}\right)}{\sqrt{1-\frac{1}{a^2}}}}{\left(\frac{\left(u+\frac{1}{a}\right)}{\sqrt{1-\frac{1}{a^2}}}\right)^2+1}=\frac{2}{a\sqrt{1-\frac{1}{a^2}}}\arctan\left(\frac{\left(u+\frac{1}{a}\right)}{\sqrt{1-\frac{1}{a^2}}}\right)\Bigg|_{u=0}^{u=1}$$

$$=\frac{2}{a\sqrt{1-\frac{1}{a^2}}}\left(\arctan\left(\frac{\left(1+\frac{1}{a}\right)}{\sqrt{1-\frac{1}{a^2}}}\right)-\arctan\left(\frac{\frac{1}{a}}{\sqrt{1-\frac{1}{a^2}}}\right)\right).$$

从而

$$I'(a)=I_1(a)+I_2(a)=\frac{2}{\sqrt{a^2-1}}\left(\arctan\frac{a-1}{\sqrt{a^2-1}}+\arctan\frac{a+1}{\sqrt{a^2-1}}\right).$$

现在先来说明 $\arctan\frac{a-1}{\sqrt{a^2-1}}+\arctan\frac{a+1}{\sqrt{a^2-1}}$在$(1,+\infty)$上恒为$\frac{\pi}{2}$,这是因为:当 $a=2$ 时,代入为 $\arctan\frac{1}{\sqrt{3}}+\arctan\sqrt{3}=\frac{\pi}{6}+\frac{\pi}{3}=\frac{\pi}{2}$,再对 $\arctan\frac{a-1}{\sqrt{a^2-1}}+\arctan\frac{a+1}{\sqrt{a^2-1}}$关于 a 直接求导,为 0. 从而进一步地,$I'(a)=\frac{\pi}{\sqrt{a^2-1}}$,得出 $I(a)=\int\frac{\pi}{\sqrt{a^2-1}}\mathrm{d}a$,再次利用三角换元 $a=\sec v,v\in\left(0,\frac{\pi}{2}\right)$,则

$$I(a)=\pi\int\frac{\sec v\tan v}{\tan v}\mathrm{d}v=\pi\int\sec v\mathrm{d}v=\pi\int\frac{1}{\cos v}\mathrm{d}v$$

$$= \pi\int \frac{\cos v}{\cos^2 v}\mathrm{d}v = \pi\int \frac{\mathrm{d}\sin v}{1-\sin^2 v}$$

$$= \frac{\pi}{2}\int\left(\frac{1}{1-\sin v}+\frac{1}{1+\sin v}\right)\mathrm{d}\sin v = \frac{\pi}{2}\ln\left|\frac{1+\sin v}{1-\sin v}\right| + C$$

$$= \frac{\pi}{2}\ln\left|\frac{1+\sqrt{1-\cos^2 v}}{1-\sqrt{1-\cos^2 v}}\right| + C = \frac{\pi}{2}\ln\left|\frac{1+\sqrt{1-\frac{1}{a^2}}}{1-\sqrt{1-\frac{1}{a^2}}}\right| + C$$

$$= \frac{\pi}{2}\ln\left|\frac{a+\sqrt{a^2-1}}{a-\sqrt{a^2-1}}\right| + C = \pi\ln(a+\sqrt{a^2-1}) + C.$$

注 5.34　此处关于 C 的确定比较麻烦，因为这个积分在每个大于 1 的 a 处都不能很容易地算出，因此暂时解到这一步即可.

例 5.20　计算 $I(a)=\int_0^{\frac{\pi}{2}}\ln(\sin^2 x + a^2\cos^2 x)\mathrm{d}x, a>0$.

解：　因为对于每个 $a>0$，考虑含 a 的任意闭子区间 $[a_1,a_2]\subseteq(0,+\infty)$，易知二元函数 $\ln(\sin^2 x+a^2\cos^2 x)$，及其关于 a 的偏导函数 $\frac{2a\cos^2 x}{\sin^2 x+a^2\cos^2 x}$ 在矩形区域 $\left[0,\frac{\pi}{2}\right]\times[a_1,a_2]$ 上连续，利用定理 5.19，

$$I'(a)=\int_0^{\frac{\pi}{2}}\frac{2a\cos^2 x}{\sin^2 x+a^2\cos^2 x}\mathrm{d}x = 2a\int_0^{\frac{\pi}{2}}\frac{\mathrm{d}x}{\tan^2 x + a^2},$$

令 $u=\tan x$，则

$$I'(a)=2a\int_0^{+\infty}\frac{\mathrm{d}u}{(u^2+a^2)(u^2+1)}.$$

当 $a=1$ 时 $I'(1)=2\int_0^{+\infty}\frac{\mathrm{d}u}{(u^2+1)^2}$，对任意正数 c，因为

$$\int_0^c\frac{\mathrm{d}u}{(u^2+1)} = u(1+u^2)^{-1}\Big|_{u=0}^{u=c} + \int_0^c\frac{2u^2\mathrm{d}u}{(u^2+1)^2}$$

$$= c(1+c^2)^{-1} + \int_0^c\frac{(2u^2+2)\mathrm{d}u}{(u^2+1)^2} - 2\int_0^c\frac{\mathrm{d}u}{(u^2+1)^2}$$

$$= c(1+c^2)^{-1} + 2\int_0^c\frac{\mathrm{d}u}{u^2+1} - 2\int_0^c\frac{\mathrm{d}u}{(u^2+1)^2},$$

即有

$$\int_0^c\frac{\mathrm{d}u}{(u^2+1)^2} = \frac{1}{2}\left(\int_0^c\frac{\mathrm{d}u}{(u^2+1)} + c(1+c^2)^{-1}\right),$$

在两边令 $c\to+\infty$，得 $\int_0^{+\infty}\frac{\mathrm{d}u}{(u^2+1)^2}=\frac{\pi}{4}$，得出

$$I'(1)=2\int_0^{+\infty}\frac{\mathrm{d}u}{(u^2+1)^2}=\frac{\pi}{2}.$$

当 $a\neq1$ 时，

$$I'(a)=2a\int_0^{+\infty}\frac{du}{(u^2+a^2)(u^2+1)}=\frac{2a}{a^2-1}\int_0^{+\infty}\left(\frac{1}{u^2+1}-\frac{1}{u^2+a^2}\right)du$$
$$=\frac{2a}{a^2-1}\left(\frac{\pi}{2}-\frac{1}{a}\frac{\pi}{2}\right)=\frac{\pi}{1+a},$$

从而不论 a 是否等于 1，

$$I'(a)=\frac{\pi}{1+a}.$$

故 $I(a)=\pi\ln(1+a)+C$. 最后来确定 C，因为 $a=1$ 时，$I(1)=\int_0^{\frac{\pi}{2}}\ln(\sin^2x+\cos^2x)dx=0$，从而得知 $C=-\pi\ln 2$. 综上所述

$$I(a)=\pi\ln\frac{1+a}{2}.$$

例 5.21 计算 $I(a)=\int_0^{\frac{\pi}{2}}\ln\frac{1+a\cos x}{1-a\cos x}\frac{1}{\cos x}dx$，$|a|<1$.

解：因为

$$\lim_{x\to\frac{\pi}{2}}\ln\frac{1+a\cos x}{1-a\cos x}\frac{1}{\cos x}=\lim_{x\to\frac{\pi}{2}}\left(\frac{\ln(1+a\cos x)}{\cos x}-\frac{\ln(1-a\cos x)}{\cos x}\right)=2a,$$

所以$\frac{\pi}{2}$不是瑕点，并且

$$\frac{\ln(1+a\cos x)}{\cos x}-\frac{\ln(1-a\cos x)}{\cos x}=\int_{-a}^{a}\frac{dy}{1+y\cos x}.$$

易知二元函数$\frac{1}{1+y\cos x}$在矩形区域$\left[0,\frac{\pi}{2}\right]\times[-a,a]$上连续，利用定理 5.22，可知

$$I(a)=\int_0^{\frac{\pi}{2}}\ln\frac{1+a\cos x}{1-a\cos x}\frac{1}{\cos x}dx=\int_0^{\frac{\pi}{2}}\left(\int_{-a}^{a}\frac{dy}{1+y\cos x}\right)dx=\int_{-a}^{a}\left(\int_0^{\frac{\pi}{2}}\frac{1}{1+y\cos x}dx\right)dy.$$

利用万能代换 $\cos x=\dfrac{1-\tan^2\frac{\pi}{2}}{1+\tan^2\frac{\pi}{2}}$，得出

$$I(a)=\int_{-a}^{a}\frac{2}{\sqrt{1-y^2}}\arctan\left(\sqrt{\frac{1-y}{1+y}}\tan\frac{x}{2}\right)\Bigg|_{x=0}^{x=\frac{\pi}{2}}dy=\int_{-a}^{a}\frac{2}{\sqrt{1-y^2}}\arctan\sqrt{\frac{1-y}{1+y}}dy$$
$$=\int_0^{a}\frac{2}{\sqrt{1-y^2}}\left(\arctan\sqrt{\frac{1-y}{1+y}}+\arctan\sqrt{\frac{1+y}{1-y}}\right)dy,$$

又因为 $\arctan\sqrt{\frac{1-y}{1+y}}+\arctan\sqrt{\frac{1+y}{1-y}}$在 $a=\frac{1}{2}$处取值为$\frac{\pi}{2}$，且导函数在$[-a,a]$上恒等于 0，故

$$I(a)=\int_0^{a}\frac{2}{\sqrt{1-y^2}}\left(\arctan\sqrt{\frac{1-y}{1+y}}+\arctan\sqrt{\frac{1+y}{1-y}}\right)dy=\pi\int_0^{a}\frac{dy}{\sqrt{1-y^2}}=\pi\arcsin a.$$

例 5.22 求定积分 $I=\int_0^1\frac{\ln(1+x)}{1+x^2}dx$.

解:因为找出$\frac{\ln(1+x)}{1+x^2}$的原函数是很困难的(实际上没有解析的表达式),牛顿-莱布尼茨公式是不能使用的. 引入参数 a,定义$I(a)=\int_0^1\frac{\ln(1+ax)}{1+x^2}\mathrm{d}x$,易知$I(1)=I$,并且容易验证:二元函数$f(x,a)=\frac{\ln(1+ax)}{1+x^2}$及其关于 a 的偏导均在矩形区域$[0,1]\times[0,1]$上连续,从而利用定理 5.19 知

$$\begin{aligned}I'(a)&=\int_0^1\frac{x}{(1+ax)(1+x^2)}\mathrm{d}x=\frac{1}{1+a^2}\int_0^1\left(\frac{a+x}{1+x^2}-\frac{a}{1+ax}\right)\mathrm{d}x\\&=\frac{1}{1+a^2}\left(\frac{a\pi}{4}+\frac{\ln 2}{2}-\ln(1+a)\right).\end{aligned}$$

从而得出

$$\begin{aligned}I(1)&=I(1)-I(0)=\int_0^1 I'(a)\mathrm{d}a=\int_0^1\frac{1}{1+a^2}\left(\frac{a\pi}{4}+\frac{\ln 2}{2}-\ln(1+a)\right)\mathrm{d}a\\&=\left(\frac{\pi}{8}\ln(1+a^2)+\frac{\ln 2}{2}\arctan a\right)\Big|_{a=0}^{a=1}-I(1),\end{aligned}$$

于是得出:$I=I(1)=\frac{\pi}{8}\ln 2$.

5.3.2　含参变量的广义积分

5.3.2.1　收敛与一致收敛

定义 5.8　设二元函数$f(x,y)$定义在区域$[a,+\infty)\times[c,d]$上,则称形如$\int_a^{+\infty}f(x,y)\mathrm{d}x$为含参变量$y$的(无穷)广义积分. 若进一步地,对于每个$y\in[c,d]$,广义积分$\int_a^{+\infty}f(x,y)\mathrm{d}x$都收敛,则称含参变量 y 的广义积分$\int_a^{+\infty}f(x,y)\mathrm{d}x$在$[c,d]$上收敛.

注 5.35　(1) 类似地,也可以定义形如$\int_c^{+\infty}f(x,y)\mathrm{d}y$的含参变量$x$的广义积分,本小节主要讨论定义中的类型.

(2) $\int_a^{+\infty}f(x,y)\mathrm{d}x$在$[c,d]$上收敛用$\varepsilon-A$语言叙述为:对于任意正数$\varepsilon$及每个$y\in[c,d]$,存在与$\varepsilon,y$有关的实数$A(\varepsilon,y)\in[a,+\infty]$,使得当$A_1,A_2>A(\varepsilon,y)$时,有$\left|\int_{A_1}^{A_2}f(x,y)\mathrm{d}x\right|<\varepsilon$(或者$\left|\int_{A_1}^{+\infty}f(x,y)\mathrm{d}x\right|<\varepsilon$)成立.

(3) 如果上述$A(\varepsilon,y)$的选取只与ε有关时,则称$\int_a^{+\infty}f(x,y)\mathrm{d}x$在$[c,d]$上一致收敛.

(4) 类似地,可以考虑含参变量的无界广义积分:若$\int_a^b f(x,y)\mathrm{d}x$对于每个$y\in[c,d]$,均以$x=b$为瑕点,且均收敛,若对于任意正数$\varepsilon$,存在仅与$\varepsilon$有关的正数$\delta(\varepsilon)$,使得当$0<\eta_1,\eta_2<\delta(\varepsilon)$时,有$\left|\int_{b-\eta_1}^{b-\eta_2}f(x,y)\mathrm{d}x\right|<\varepsilon$成立,则称含参变量的无界广义积分$\int_a^b f(x,y)\mathrm{d}x$在$[c,d]$上

收敛.

(5) 判别含参变量广义积分的一致收敛,也有对应的魏尔斯特拉斯判别法:对于$\int_a^{+\infty} f(x,y)\mathrm{d}x$,若存在定义在$[a, +\infty]$上的非负函数$F(x)$,对于所有$x \in [a, +\infty)$,$y \in [c,d]$,均有$\left|f(x,y)\right| \leqslant F(x)$,且广义积分$\int_a^{+\infty} F(x)\mathrm{d}x$收敛,则含参变量$y$的广义积分$\int_a^{+\infty} f(x,y)\mathrm{d}x$在$[c,d]$上一致收敛. 证明从略.

例 5.23 求证:含参变量y的广义积分$\int_0^{+\infty} \frac{\cos xy}{x^2+y^2}\mathrm{d}x$在$[a, +\infty)$,$(a>0)$上一致收敛.

证明: 因为被积函数在区域$[0, +\infty) \times [a, +\infty)$上,$\left|\frac{\cos xy}{x^2+y^2}\right| \leqslant \frac{1}{x^2+a^2}$,以及广义积分$\int_0^{+\infty} \frac{1}{x^2+a^2}\mathrm{d}x$收敛,从而由魏尔斯特拉斯判别法知$\int_0^{+\infty} \frac{\cos xy}{x^2+y^2}\mathrm{d}x$在$[a, +\infty)$上一致收敛.

定理 5.23 (阿贝尔判别法) 设两个二元函数$f(x,y)$,$g(x,y)$均定义在区域$[a, +\infty) \times [c,d]$上,含参变量$y$的广义积分$\int_a^{+\infty} f(x,y)\mathrm{d}x$在$[c,d]$上一致收敛,且对于每个$y \in [c,d]$,$g(x,y)$是$[a, +\infty)$上的单调函数,并且关于$y$一致有界(即存在非负实数$M$,使得$|g(x,y)| \leqslant M$在$[a, +\infty) \times [c,d]$恒成立),则含参变量$y$的广义积分$\int_a^{+\infty} f(x,y)g(x,y)\mathrm{d}x$在$[c,d]$上一致收敛.

证明:由于广义积分$\int_a^{+\infty} f(x,y)\mathrm{d}x$在$[c,d]$上一致收敛,对于任意正数$\varepsilon$及每个$y \in [c,d]$,存在与$\varepsilon$,$y$有关的实数$A(\varepsilon,y) \in [a, +\infty)$,使得当$A_2 \geqslant s \geqslant A_1 > A(\varepsilon,y)$时,有

$$\left|\int_{A_1}^{s} f(x,y)\mathrm{d}x\right| < \varepsilon \text{ 与 } \left|\int_{s}^{A_2} f(x,y)\mathrm{d}x\right| < \varepsilon$$

再利用已知函数$g(x,y)$的性质及积分第二中值定理:存在$\xi \in [A_1, A_2]$,使得

$$\begin{aligned}\left|\int_{A_1}^{A_2} f(x,y)g(x,y)\mathrm{d}x\right| &= \left|g(A_1,y)\int_{A_1}^{\xi} f(x,y)\mathrm{d}x + g(A_2,y)\int_{\xi}^{A_2} f(x,y)\mathrm{d}x\right| \\ &\leqslant |g(A_1,y)|\left|\int_{A_1}^{\xi} f(x,y)\mathrm{d}x\right| + |g(A_2,y)|\left|\int_{\xi}^{A_2} f(x,y)\mathrm{d}x\right| < 2M\varepsilon,\end{aligned}$$

此即说明含参变量y的广义积分$\int_a^{+\infty} f(x,y)g(x,y)\mathrm{d}x$在$[c,d]$上一致收敛, 证毕.

定理 5.24 (狄利克雷判别法) 设两个二元函数$f(x,y)$,$g(x,y)$均定义在区域$[a, +\infty) \times [c,d]$上,含参变量$y$的广义积分$\int_a^{+\infty} f(x,y)\mathrm{d}x$在$[c,d]$上一致有界(即及任意$A \in [a, +\infty)$,存在与$A$和$y$均无关的非负实数$M$,使得$\left|\int_a^{a} f(x,y)\mathrm{d}x\right| \leqslant M$在$[c,d]$恒成立),且对于每个$y \in [c,d]$,$g(x,y)$在$[a, +\infty)$上单调且一致收敛到零(即对任意正数$\varepsilon$,存在仅与$\varepsilon$有关的数$A(\varepsilon) \in [a, +\infty)$,使得当$x > A(\varepsilon)$时,对于所有$y \in [c,d]$,均有$|g(x,y)| < \varepsilon$),则含参变量$y$的广义积分$\int_a^{+\infty} f(x,y)g(x,y)\mathrm{d}x$在$[c,d]$上一致收敛.

证明过程仍主要利用积分第二中值定理,证明从略.

例5.24　求证:含参变量 a 的广义积分 $\int_0^{+\infty} \mathrm{e}^{-ax}\frac{\sin x}{x}\mathrm{d}x$ 在 $[0,+\infty)$ 上一致收敛.

证明:对于广义积分 $\int_0^{+\infty}\frac{\sin x}{x}\mathrm{d}x$,因为 $\lim\limits_{x\to 0^-}\frac{\sin x}{x}=1$,从而 $x=0$ 不是瑕点,这是一个无穷广义积分,与 $\int_1^{+\infty}\frac{\sin x}{x}\mathrm{d}x$ 的敛散性一致. 因为 $\frac{1}{x}$ 在 $[1,+\infty)$ 上单调下降且极限为0;对于任意 $c\in[1,+\infty)$,$\int_1^c\frac{\sin x}{x}\mathrm{d}x$ 收敛,因为其本身不含参数 a,当然可以看成关于 a 是一致收敛的. 又因为对于每个 a,e^{-ax} 单调,在 $[0,\infty)\times[0,\infty)$ 上总有 $0\leqslant \mathrm{e}^{-ax}\leqslant 1$,从而利用阿贝尔判别法知含参变量 a 的广义积分 $\int_0^{+\infty}\mathrm{e}^{-ax}\frac{\sin x}{x}\mathrm{d}x$ 在 $[0,+\infty)$ 上一致收敛,证毕.

定理5.25　设二元函数 $f(x,y)$ 在 $[a,+\infty]\times[c,d]$ 上连续,含参变量 y 的广义积分 $\int_a^{+\infty}f(x,y)\mathrm{d}x$ 在 $[c,d]$ 上一致收敛,则函数 $F(y)=\int_a^{+\infty}f(x,y)\mathrm{d}x$ 在 $[c,d]$ 上连续.

证明:任取 $y_0\in[c,d]$ 及 Δy,使得 $y_0+\Delta y\in[c,d]$. 由于含参变量 y 的广义积分 $\int_a^{+\infty}f(x,y)\mathrm{d}x$ 在 $[c,d]$ 上一致收敛,从而对于任意正数 ε,存在 $A(\varepsilon)\in[a,+\infty)$,使得当 $A>A(\varepsilon)$ 时,有 $\left|\int_A^{+\infty}f(x,y)\mathrm{d}x\right|<\frac{\varepsilon}{3}$ 对所有 $y\in[c,d]$ 都成立,取 $A=A(\varepsilon)+1$,y 分别取为 y_0 与 $y_0+\Delta y$,从而有 $\left|\int_A^{+\infty}f(x,y_0)\mathrm{d}x\right|<\frac{\varepsilon}{3}$,$\left|\int_A^{+\infty}f(x,y_0\Delta y)\mathrm{d}x\right|<\frac{\varepsilon}{3}$ 成立. 又由二元函数 $f(x,y)$ 在 $[a,+\infty)\times[c,d]$ 上连续,则存在正数 $\delta(\varepsilon,y_0)$,使得当 $|\Delta y|<\delta(\varepsilon,y_0)$ 时,有 $|f(x,y_0+\Delta y)-f(x,y_0)|<\frac{\varepsilon}{3(A-a)}$ 对所有 $x\in[a,+\infty)$ 都成立,从而当 $|\Delta y|<\delta(\varepsilon,y_0)$ 时,

$$
\begin{aligned}
&|F(y_0+\Delta y)-F(y_0)|\\
=&\left|\int_a^{+\infty}f(x,y_0+\Delta y)\mathrm{d}x-\int_a^{+\infty}f(x,y_0)\mathrm{d}x\right|\\
=&\left|\int_A^{+\infty}f(x,y_0+\Delta y)\mathrm{d}x+\int_a^A[f(x,y_0+\Delta y)-f(x,y_0)]\mathrm{d}x-\int_A^{+\infty}f(x,y_0+\Delta y)\mathrm{d}x\right|\\
\leqslant&\left|\int_A^{+\infty}f(x,y_0+\Delta y)\mathrm{d}x\right|+\int_a^A|f(x,y_0+\Delta y)-f(x,y_0)|\mathrm{d}x+\left|\int_A^{+\infty}f(x,y_0+\Delta y)\mathrm{d}x\right|\\
\leqslant&\frac{\varepsilon}{3}+\frac{\varepsilon}{3(A-a)}(A-a)+\frac{\varepsilon}{3}=\varepsilon.
\end{aligned}
$$

从而 $F(y)=\int_a^{+\infty}f(x,y)\mathrm{d}x$ 在 y_0 处连续,从而 $F(y)=\int_a^{+\infty}f(x,y)\mathrm{d}x$ 在 $[c,d]$ 上连续,证毕.

例5.25　求证:含参变量 y 的广义积分 $\int_0^{+\infty}\frac{x\mathrm{d}x}{2+x^y}$ 在 $(2,+\infty)$ 上连续.

证明:因为连续可以按逐点的连续性来说明,则对于 $(2,+\infty)$ 中每一点 y,总存在闭子区间 $[a,b]\subseteq(2,+\infty)$,使得 $y\in[a,b]$,因此只需证明该含参变量 y 的广义积分在 $[a,b]$ 上连续即可,这是因为:很明显被积函数 $\frac{x}{2+x^y}$ 在区域 $[0,+\infty)\times[a,b]$ 上连续,

$$\int_0^{+\infty}\frac{x\mathrm{d}x}{2+x^y}=\int_0^1\frac{x\mathrm{d}x}{2+x^y}+\int_1^{+\infty}\frac{x\mathrm{d}x}{2+x^y}.$$

利用上一节的定理知 $\int_0^1\frac{x\mathrm{d}x}{2+x^y}$ 在 $[a,b]$ 上连续,从而只需考虑 $\int_1^{+\infty}\frac{x\mathrm{d}x}{2+x^y}$ 在 $[a,b]$ 上的连续性. 因为在 $[1,+\infty)\times[a,b]$ 上

$$\frac{x}{2+x^y}\leqslant\frac{x}{2+x^a}.$$

而对于广义积分 $\int_1^{+\infty}\frac{x\mathrm{d}x}{2+x^a}$, 根据

$$\lim_{x\to+\infty}x^{a-1}\frac{x}{2+x^a}=1,$$

及 $a-1>1$,从而利用比较判别法的极限形式知广义积分 $\int_1^{+\infty}\frac{x\mathrm{d}x}{2+x^a}$ 收敛,再利用魏尔斯特拉斯判别法知 $\int_1^{+\infty}\frac{x\mathrm{d}x}{2+x^y}$ 在 $[a,b]$ 上一致收敛,从而该含参变量 y 的广义积分在 $[a,b]$ 上连续,从而根据 y 的任意性,知含参变量 y 的广义积分 $\int_0^{+\infty}\frac{x\mathrm{d}x}{2+x^y}$ 在 $(2,+\infty)$ 上连续, 证毕.

定理 5.26 设二元函数 $f(x,y)$ 在 $[a,+\infty)\times[c,d]$ 上连续,含参变量 y 的广义积分 $\int_a^{+\infty}f(x,y)\mathrm{d}x$ 在 $[c,d]$ 上一致收敛, 则有

$$\int_c^d\left(\int_a^{+\infty}f(x,y)\mathrm{d}x\right)\mathrm{d}y=\int_a^{+\infty}\left(\int_c^d f(x,y)\mathrm{d}y\right)\mathrm{d}x.$$

证明:由定理 5.23 可知,含参变量 y 的广义积分 $\int_a^{+\infty}f(x,y)\mathrm{d}x$ 在 $[c,d]$ 上连续,从而在 $[c,d]$ 上(黎曼)可积. 又因为 $\int_a^{+\infty}f(x,y)\mathrm{d}x$ 在 $[c,d]$ 上一致收敛,则对于任意正数 ε,存在仅与 ε 有关的实数 $A(\varepsilon)\in[a,+\infty)$,使得当时 $A_1,A_2>A(\varepsilon)$ 时(不妨 $A_1\leqslant A_2$) 时, 有

$$\left|\int_{A_1}^{A_2}f(x,y)\mathrm{d}x\right|<\varepsilon.$$

因二元函数 $f(x,y)$ 在 $[a,+\infty)\times[c,d]$ 上连续,从而

$$\left|\int_{A_1}^{A_2}\left(\int_c^d f(x,y)\mathrm{d}y\right)\mathrm{d}x\right|=\left|\int_c^d\left(\int_{A_1}^{A_2}f(x,y)\mathrm{d}x\right)\mathrm{d}y\right|$$
$$\leqslant\int_c^d\left|\int_{A_1}^{A_2}f(x,y)\mathrm{d}x\right|\mathrm{d}y<\int_c^d\varepsilon\mathrm{d}y=\varepsilon(d-c),$$

从而 $\int_a^{+\infty}\left(\int_c^d f(x,y)\mathrm{d}y\right)\mathrm{d}x$ 是广义可积的. 下面再来说明等号成立.

考虑两个关于 z 的函数:

$$\Psi_1(z)=\int_c^d\left(\int_a^z f(x,y)\mathrm{d}x\right)\mathrm{d}y \text{ 与 } \Psi_2(z)=\int_a^z\left(\int_c^d f(x,y)\mathrm{d}y\right)\mathrm{d}x.$$

因二元函数 $f(x,y)$ 在 $[a,+\infty]\times[c,d]$ 上连续,利用上面的证明过程及定理 5.22 知 $\Psi_1(z)$, $\Psi_2(z)$ 均定义在 $[a,+\infty)$ 上,$\Psi_1(z)=\Psi_2(z)$ 在 $[a,+\infty)$ 上恒成立,且 $\lim\limits_{z\to+\infty}\Psi_1(z)$ 与 $\lim\limits_{z\to+\infty}\Psi_2(z)$ 均存在,此处我们需说明

$$\lim_{z\to+\infty}\Psi_1(z)=\int_c^d\left(\int_a^{+\infty}f(x,y)\,\mathrm{d}x\right)\mathrm{d}y,$$

这是因为$\int_a^{+\infty}f(x,y)\,\mathrm{d}x$在$[c,d]$上一致收敛，则对于任意正数$\varepsilon$，存在仅与$\varepsilon$有关的实数$A(\varepsilon)\in[a,+\infty)$，使得当$z>A(\varepsilon)$时，

$$\left|\int_z^{+\infty}f(x,y)\,\mathrm{d}x\right|<\varepsilon,$$

从而

$$\left|\int_c^d\left(\int_a^{+\infty}f(x,y)\,\mathrm{d}x\right)\mathrm{d}y-\int_c^d\left(\int_a^{z}f(x,y)\,\mathrm{d}x\right)\mathrm{d}y\right|$$
$$\leqslant\left|\int_c^d\left|\int_z^{+\infty}f(x,y)\,\mathrm{d}x\right|\mathrm{d}y\right|<\int_c^d\varepsilon\mathrm{d}y=\varepsilon(d-c).$$

在等式$\Psi_1(z)=\Psi_2(z)$两边令$z\to+\infty$便得证，证毕.

例 5.26　计算积分$I=\int_0^{+\infty}\frac{\mathrm{e}^{-ax}-\mathrm{e}^{-bx}}{x}\mathrm{d}x,(b>a>0)$.

解：因为

$$\frac{\mathrm{e}^{-ax}-\mathrm{e}^{-bx}}{x}=\int_a^b\mathrm{e}^{-xy}\mathrm{d}y,$$

容易得出e^{-xy}在区域$[0,+\infty)\times[a,b]$上连续，且有$\mathrm{e}^{-xy}\leqslant\mathrm{e}^{-ax}$，后者在$[0,+\infty)$上广义可积，利用魏尔斯特拉斯判别法知含参变量$y$的广义积分$\int_0^{+\infty}\mathrm{e}^{-xy}\mathrm{d}x$在$[a,b]$上一致收敛，从而利用上面的定理知

$$I=\int_0^{+\infty}\left(\int_a^b\mathrm{e}^{-xy}\mathrm{d}y\right)\mathrm{d}x=\int_a^b\left(\int_0^{+\infty}\mathrm{e}^{-xy}\mathrm{d}x\right)\mathrm{d}y$$
$$=\int_a^b\left(-\frac{\mathrm{e}^{-xy}}{y}\right)\Bigg|_{x=0}^{x=+\infty}\mathrm{d}y=\int_a^b\frac{\mathrm{d}y}{y}=\ln\frac{b}{a}.$$

定理 5.27　设二元函数$f(x,y)$及其关于y的偏导函数在$[a,+\infty)\times[c,d]$上连续，对于每个$y\in[c,d]$，$\int_a^{+\infty}f(x,y)\,\mathrm{d}x$收敛，且$\int_a^{+\infty}\frac{\partial f(x,y)}{\partial y}\mathrm{d}x$在$[c,d]$上一致收敛，则函数$F(y)=\int_a^{+\infty}f(x,y)\,\mathrm{d}x$在$[c,d]$上可导，且

$$F'(y)=\int_a^{+\infty}\frac{\partial f(x,y)}{\partial y}\mathrm{d}x.$$

证明：对于任意$y_0\in[c,d]$及Δy，使得$y_0+\Delta y\in[c,d]$，利用拉格朗日微分中值定理，有

$$f(x,y_0+\Delta y)-f(x,y_0)=\frac{\partial f(x,y_0+\theta\Delta y)}{\partial y}\Delta y,$$

这里的$\theta\in[0,1]$且与$x,y_0,\Delta y$有关的一个数，从而

$$f'(y_0)=\lim_{\Delta y\to0}\frac{F(y_0+\Delta y)-F(y_0)}{\Delta y}=\lim_{\Delta y\to0}\int_a^{+\infty}\frac{f(x,y_0+\Delta y)-f(x,y_0)}{\Delta y}\mathrm{d}x$$
$$=\lim_{\Delta y\to0}\int_a^{+\infty}\frac{\partial f(x,y_0+\theta\Delta y)}{\partial y}\mathrm{d}x=\int_a^{+\infty}\frac{\partial f(x,y)}{\partial y}\mathrm{d}x,$$

最后一个等式由已知条件与定理 5.23 得出,证毕.

例 5.27 已知有广义积分$\int_0^{+\infty} e^{-x^2}dx=\frac{\sqrt{\pi}}{2}$,计算$I(a)=\int_0^{+\infty} e^{-x^2}\cos 2ax dx$的值.

解:被积函数$e^{-x^2}\cos 2ax$及其关于a的偏导函数$-2xe^{-x^2}\sin 2ax$在区域$[0,+\infty)\times(-\infty,+\infty)$上连续,对于每个$a\in(-\infty,+\infty)$,存在含$a$的闭区间$[a_1,a_2]$. 而被积函数关于$a$的偏导函数$-2xe^{-x^2}\sin 2ax$在区域$[0,+\infty)\times[a_1,a_2]$上满足

$$|-2xe^{-x^2}\sin 2ax|\leqslant 2xe^{-x^2},$$

而

$$\int_0^{+\infty} 2xe^{-x^2}dx=\lim_{c\to+\infty}\int_0^c 2xe^{-x^2}dx=\lim_{c\to+\infty}(1-e^{-c^2})=1.$$

从而利用魏尔斯特拉斯判别法知含参变量a的广义积分$\int_0^{+\infty}-2xe^{-x^2}\sin 2ax dx$在$[a_1,a_2]$上一致收敛,从而可导,再利用$a\in(-\infty,+\infty)$的任意性,从而得知$I(a)$可导,且

$$I'(a)=\int_0^{+\infty}-2xe^{-x^2}\sin 2ax dx,$$

利用分部积分法知

$$I'(a)=\lim_{c\to+\infty}\left(e^{-x^2}\sin 2ax\Big|_{x=0}^{c}-2a\int_0^c e^{-x^2}\cos 2ax dx\right)$$

$$=-2a\int_0^{+\infty} e^{-x^2}\cos 2ax dx=-2aI(a),$$

得出$I(a)=Ce^{-a^2}$,从而$C=I(0)=\int_0^{+\infty} e^{-x^2}dx=\frac{\sqrt{\pi}}{2}$,从而得出

$$I(a)=\int_0^{+\infty} e^{-x^2}\cos 2ax dx=\frac{\sqrt{\pi}}{2}e^{-a^2}.$$

例 5.28 求狄利克雷积分$I=\int_0^{+\infty}\frac{\sin x}{x}dx$的值.

解:考虑含参变量a的广义积分$I(a)=\int_0^{+\infty} e^{-ax}\frac{\sin x}{x}dx$,由例 5.24 知,该积分在$[0,+\infty)$上一致收敛,且$I=I(0)$.

记二元函数

$$f(x,a)=\begin{cases}1, & x=0;\\ e^{-ax}\frac{\sin x}{x}, & x\neq 0.\end{cases}$$

则

$$\frac{\partial f(x,a)}{\partial a}=-e^{-ax}\sin x,$$

易知$f(x,a)$和$\frac{\partial f(x,a)}{\partial a}$均在$[0,+\infty)\times[0,+\infty)$上连续,从而

$$I=I(0)=\lim_{a\to0^+}I(a).$$

从而转化为先求出$I(a)$,为此先求出$I'(a)$. 对于每个$a\in(0,+\infty)$,及含a的闭子区间$[a_1,a_2]$

$\subseteq(0,+\infty)$，在$[0,+\infty)\times[a_1,a_2]$上

$$\left|\frac{\partial f(x,a)}{\partial a}\right| = |-\mathrm{e}^{-ax}\sin x| \leqslant \mathrm{e}^{-a_1 x},$$

后者在$[0,+\infty)$上广义可积，从而利用魏尔斯特拉斯判别法知，$\int_0^{+\infty}\mathrm{e}^{-ax}\frac{\sin x}{x}\mathrm{d}x$ 在$[a_1,a_2]$上一致收敛，从而由含参变量的广义积分求导和求积分换序的定理知 $I'(a)=\int_0^{+\infty}-\mathrm{e}^{-ax}\sin x\mathrm{d}x$ 在$[a_1,a_2]$成立，再利用 a 的任意性，知在整个$[0,+\infty)$上，均有

$$I'(a)=\int_0^{+\infty}-\mathrm{e}^{-ax}\sin x\mathrm{d}x,$$

利用分部积分法得出

$$I'(a)=\int_0^{+\infty}-\mathrm{e}^{-ax}\sin x\mathrm{d}x=\lim_{c\to+\infty}\frac{\mathrm{e}^{-ax}(a\sin x+\cos x)}{1+a^2}\Big|_{x=0}^{x=c}=-\frac{1}{1+a^2}.$$

从而 $I(a)=-\arctan a+C$. 又因为当 $a>0$ 时，

$$|I(a)|=\left|\int_0^{+\infty}\mathrm{e}^{-ax}\frac{\sin x}{x}\mathrm{d}x\right|\leqslant\int_0^{+\infty}\left|\mathrm{e}^{-ax}\frac{\sin x}{x}\right|\mathrm{d}x\leqslant\int_0^{+\infty}\mathrm{e}^{-ax}\mathrm{d}x=\frac{1}{a},$$

可知当 $a\to+\infty$ 时，$I(a)\to0$，在 $I(a)=-\arctan a+C$ 两边令 $a\to+\infty$，得 $C=\frac{\pi}{2}$，从而 $I(a)=-\arctan a+\frac{\pi}{2}$，再令 $a\to0^+$，最终得出

$$I=\lim_{a\to0^+}I(a)=\frac{\pi}{2}.$$

5.3.2.2　欧拉型积分

定义 5.9　定义两类特殊的含参变量的积分

$$B(m,n)=\int_0^1 x^{m-1}(1-x)^{n-1}\mathrm{d}x$$

与

$$\Gamma(s)=\int_0^{+\infty}x^{s-1}\mathrm{e}^{-x}\mathrm{d}x,$$

其中第一类看作关于 m,n 的函数，称为 Beta 函数；第二类看作关于 s 的函数，称为 Gamma 函数.

下面我们将分别讨论这两类函数的性质：

定理 5.28　函数 $B(m,n)$可定义在$\{(m,n)\mid m>0,n>0\}$上，在其上连续，且有

$$B(m,n)=B(n,m).$$

函数 $\Gamma(s)$可定义在 $s>0$ 上，在其上连续，且

$$\Gamma(s+1)=s\Gamma(s).$$

两类函数之间的关系是

$$B(m,n)=\frac{\Gamma(m)\Gamma(n)}{\Gamma(m+n)}.$$

证明：对于 Beta 函数，当 $m\geqslant1,n\geqslant1$ 时，积分是定积分，从而只需讨论 $m<1$ 与 $n<1$ 至少一个成立的情况下，积分的敛散性.

当$0<m<1,1\leqslant n$时,此时积分存在瑕点$x=0$,由于$0<1-m<1$且

$$\lim_{x\to0^+}x^{1-m}x^{m-1}(1-x)^{n-1}=\lim_{x\to0^+}(1-x)^{n-1}=1,$$

知此时无界广义积分收敛.

当$0<n<1,1\leqslant m$时,此时积分存在瑕点$x=1$,由于$0<1-n<1$且

$$\lim_{x\to1^-}x^{m-1}(1-x)^{n-1}(1-x)^{n-1}=\lim_{x\to1^-}x^{m-1}=1,$$

知此时无界广义积分收敛;

当$0<m<1,0<n<1$时,此时$x=0,1$均为瑕点,将$\int_0^1 x^{m-1}(1-x)^{n-1}\mathrm{d}x$写成

$$\int_0^{\frac{1}{2}}x^{m-1}(1-x)^{n-1}\mathrm{d}x+\int_{\frac{1}{2}}^1 x^{m-1}(1-x)^{n-1}\mathrm{d}x,$$

再来分别讨论,得出此时无界广义积分收敛.

当$m\leqslant0,1\leqslant n$时,此时$x=0$为瑕点,由于$1-m\geqslant1$且

$$\lim_{x\to0^+}x^{1-m}x^{m-1}(1-x)^{n-1}=\lim_{x\to0^+}(1-x)^{n-1}=1,$$

知此时无界广义积分发散.

当$m\leqslant0,0<n<1$时,此时$x=0,1$均为瑕点,将$\int_0^1 x^{m-1}(1-x)^{n-1}\mathrm{d}x$写成

$$\int_0^{\frac{1}{2}}x^{m-1}(1-x)^{n-1}\mathrm{d}x+\int_{\frac{1}{2}}^1 x^{m-1}(1-x)^{n-1}\mathrm{d}x,$$

由于$1-m\geqslant1$且

$$\lim_{x\to0^+}x^{1-m}x^{m-1}(1-x)^{n-1}=\lim_{x\to0^+}(1-x)^{n-1}=1$$

及由于$0<1-n<1$且

$$\lim_{x\to0^+}x^{m-1}(1-x)^{n-1}(1-x)^{n-1}=\lim_{x\to0^+}x^{m-1}=1.$$

知写成的两个无界广义积分第一部分发散,第二部分收敛,从而此时原无界广义积分发散.

当$m\leqslant0,n\leqslant0$时,此时$x=0,1$均为瑕点,将$\int_0^1 x^{m-1}(1-x)^{n-1}\mathrm{d}x$写成

$$\int_0^{\frac{1}{2}}x^{m-1}(1-x)^{n-1}\mathrm{d}x+\int_{\frac{1}{2}}^1 x^{m-1}(1-x)^{n-1}\mathrm{d}x.$$

由于$1-m\geqslant1$且

$$\lim_{x\to0^+}x^{1-m}x^{m-1}(1-x)^{n-1}=\lim_{x\to0^+}(1-x)^{n-1}=1$$

及由于$1-n\geqslant1$且

$$\lim_{x\to0^+}x^{m-1}(1-x)^{n-1}(1-x)^{n-1}=\lim_{x\to0^+}x^{m-1}=1,$$

知写成的两个无界广义积分两部分都发散于$+\infty$,从而此时原无界广义积分发散.

可以类似讨论,当$n\leqslant0,0<m$时,原无界广义积分发散,从而综上所述,函数$B(m,n)$可定义在$\{(m,n)\mid m>0,n>0\}$上,且容易得出$x^{m-1}(1-x)^{n-1}$在区间$(0,1)\times(0,+\infty)\times(0,+\infty)$上连续.

现在考虑任意矩形区域$[m_1,m_2]\times[n_1,n_2]\subseteq(0,+\infty)\times(0,+\infty)$,将 Beta 函数写成

$$\int_0^{\frac{1}{2}}x^{m-1}(1-x)^{n-1}\mathrm{d}x+\int_{\frac{1}{2}}^1 x^{m-1}(1-x)^{n-1}\mathrm{d}x.$$

对于第一部分，利用被积函数

$$x^{m-1}(1-x)^{n-1} \leqslant x^{m_1-1}(1-x)^{n_1-1} \leqslant Mx^{m_1-1},$$

其中 $M=\max\left\{1,\left(\frac{1}{2}\right)^{n_1-1}\right\}$，并且此时 Mx^{m_1-1} 在 $\left[0,\frac{1}{2}\right]$ 可积或者在 $\left(0,\frac{1}{2}\right]$ 上广义可积，利用对应的魏尔斯特拉斯判别法可知 $\int_0^{\frac{1}{2}} x^{m-1}(1-x)^{n-1}\mathrm{d}x$ 在 $[m_1,m_2]\times[n_1,n_2]$ 上一致收敛，从而可以得出在其上连续，同理可以得出 $\int_{\frac{1}{2}}^1 x^{m-1}(1-x)^{n-1}\mathrm{d}x$ 在 $[m_1,m_2]\times[n_1,n_2]$ 上连续，从而 $B(m,n)$ 在 $[m_1,m_2]\times[n_1,n_2]$ 上连续，从而得出 $B(m,n)$ 在 $\{(m,n)\mid m>0,n>0\}$ 上连续.

直接利用变量替换 $x=1-t$，得出

$$\begin{aligned} B(m,n) &= \int_0^1 x^{m-1}(1-x)^{n-1}\mathrm{d}x = \int_1^0 (1-t)^{m-1}t^{n-1}\mathrm{d}(1-t) \\ &= -\int_1^0 (1-t)^{m-1}t^{n-1}\mathrm{d}t = \int_0^1 (1-t)^{m-1}t^{n-1}\mathrm{d}t = B(n,m). \end{aligned}$$

对于 Gamma 函数，将其写成

$$I_1(s) = \int_0^1 x^{s-1}\mathrm{e}^{-x}\mathrm{d}x$$

与

$$I_2(s) = \int_1^{+\infty} x^{s-1}\mathrm{e}^{-x}\mathrm{d}x$$

之和. 对于无穷广义积分 I_2，由于不管 s 取何值，利用洛必达法则知

$$\lim_{x\to+\infty} x^2x^{s-1}\mathrm{e}^{-x} = 0.$$

从而 $I_2(s)$ 对于任意的 s 均收敛.

接下来主要讨论 $I_1(s)$ 的敛散性.

当 $s\geqslant 1$ 时，$I_1(s)$ 为可积的定积分；当 $0<s<1$ 时，$I_1(s)$ 为无界的广义积分，瑕点是 $x=0$，由于 $0<1-s<1$ 且

$$\lim_{x\to 0^+} x^{1-s}x^{s-1}\mathrm{e}^{-x} = 1,$$

知此时 $I_1(s)$ 收敛；当 $s\leqslant 0$ 时，$I_1(s)$ 为无界的广义积分，瑕点是 $x=0$，由于 $1-s\geqslant 1$ 且

$$\lim_{x\to 0^+} x^{1-s}x^{s-1}\mathrm{e}^{-x} = 1,$$

知此时 $I_1(s)$ 发散，从而综上所述，函数 $\Gamma(s)$ 可定义在 $s>0$ 上.

又因为对于任意的闭区间 $[s_1,s_2]\subseteq(0,+\infty)$，$x^{s-1}\mathrm{e}^{-x}$ 在 $[1,+\infty)\times[s_1,s_2]$ 上连续. 而对于 $[s_1,s_2]$ 中的任意 s，利用洛必达法则，

$$\lim_{x\to+\infty} \frac{x^{s-1}}{\mathrm{e}^{\frac{x}{2}}} = 0,$$

从而存在一个充分大的实数 A（大于 1），使得当 $x\geqslant A$ 时，有 $x^{s-1}<\mathrm{e}^{\frac{x}{2}}$ 成立，得 $x^{s-1}\mathrm{e}^{-x}<\mathrm{e}^{-\frac{x}{2}}$. 于是

$$I_2(s) = \int_1^A x^{s-1}\mathrm{e}^{-x}\mathrm{d}x + \int_A^{+\infty} x^{s-1}\mathrm{e}^{-x}\mathrm{d}x.$$

第一部分是利用第一小节定理 5. 18 知其在 $[s_1,s_2]$ 上连续，第二部分利用魏尔斯特拉斯判别法可知其在 $[s_1,s_2]$ 上一致收敛，从而连续，从而 $I_2(s)$ 在 $[s_1,s_2]$ 上连续.

再来讨论 $I_1(s)$，令 $x=\frac{1}{t}$，则

$$I_1(s)=\int_1^{+\infty}t^{-s-1}\mathrm{e}^{-\frac{1}{t}}\mathrm{d}t.$$

由于此时恒有 $t^{-s-1}\mathrm{e}^{-\frac{1}{t}}\leqslant t^{-s_1-1}$，后者在 $[1,+\infty)$ 上广义可积，从而再次利用魏尔斯特拉斯判别法知 $I_1(s)$ 在 $[s_1,s_2]$ 上一致收敛，又 $t^{-s-1}\mathrm{e}^{-\frac{1}{t}}$ 在 $[1,+\infty)\times[s_1,s_2]$ 上连续，从而 $I_1(s)$ 在 $[s_1,s_2]$ 上连续，于是综合两部分得出 $\Gamma(s)$ 在 $[s_1,s_2]$ 上连续，从而得出 $\Gamma(s)$ 在其定义域 $(0,+\infty)$ 上连续.

直接利用分部积分法，得出：

$$\begin{aligned}\Gamma(s+1)&=\int_0^{+\infty}x^s\mathrm{e}^{-x}\mathrm{d}x=\lim_{A\to+\infty}\int_0^A x^s\mathrm{e}^{-x}\mathrm{d}x=\lim_{A\to+\infty}-\int_0^A x^s\mathrm{d}\mathrm{e}^{-x}\\&=\lim_{A\to+\infty}\left(-x^s\mathrm{e}^{-x}\Big|_{x=0}^{A}+\int_0^A\mathrm{e}^{-x}\mathrm{d}x^s\right)=\lim_{A\to+\infty}-A^s\mathrm{e}^{-A}+\lim_{A\to+\infty}\int_0^A\mathrm{e}^{-x}\mathrm{d}x^s\\&=s\lim_{A\to+\infty}\int_0^A\mathrm{e}^{-x}x^{s-1}\mathrm{d}x=s\Gamma(s).\end{aligned}$$

关于最后一个等式的证明，不少教材将其放在了广义重积分的章节中证明（比如《数学分析讲义》（下册），刘玉琏、傅沛仁编著；或者是华东师范大学编著的《数学分析》（下册）），或者是用到了参变量的范围延伸到无穷时，广义积分的积分换序理论（比如《数学分析》（第三册），方企勤编著），均已超出本章介绍的范围，推荐有兴趣的读者去阅读那些文献的相关章节. 而我们将在习题中给出第三种证明方法（可以参考《数学分析习题课讲义》（下册）谢惠民等编著，或者《数学分析》（第三册）徐森林等编著）.

Beta 和 Gamma 函数不仅只是含参变量积分的特例，也有很多应用，这里就不一一举例了，我们将这些问题罗列在习题中.

习题

1. 求下列极限.

(1) $\lim\limits_{a\to0}\int_{-1}^{1}\sqrt{x^2+a^2}\,\mathrm{d}x$；

(2) $\lim\limits_{a\to0}\int_0^2\cos ax\mathrm{d}x$；

(3) $\lim\limits_{n\to\infty}\int_0^1\frac{\mathrm{d}x}{1+\left(1+\frac{x}{n}\right)^n}$；

(4) $\lim\limits_{n\to\infty}\sqrt{n}\int_0^1 x^{\frac{3}{2}}(1-x^5)^n\mathrm{d}x$.

2. 求下列函数的导数.

(1) $F(x)=\int_x^{x^2}\mathrm{e}^{-xy^2}\mathrm{d}y$；

(2) $F(y)=\int_{a+y}^{b+y}\frac{\sin xy}{x}\mathrm{d}x$；

(3) $F(x)=\int_0^x(x+y)f(y)\mathrm{d}y$，其中 $f(y)$ 可微，求 $F''(x)$；

(4) $F(y)=\int_{-\pi}^{\pi}\frac{\mathrm{d}x}{(1+y\sin x)^2}$，$|y|<1$；

(5) $F(x)=\int_{\sin x}^{\cos x}\mathrm{e}^{(1+y)^2}\mathrm{d}y$;

(6) $F(y)=\int_0^y f(x-y,x+y)\mathrm{d}x$,其中 $f(x-y,x+y)$ 具有连续偏导的二元函数.

3. 设 $F(u)=\int_0^a\left(\int_0^a f(u+x+y)\mathrm{d}y\right)\mathrm{d}x\ (a>0)$,其中 $f(x)$ 是连续函数,求 $F''(u)$.

4. 求证:函数 $\Phi(x)=\int_0^x f(t)\sin(x-t)\mathrm{d}t$ 满足方程:$\Phi''(x)+\Phi(x)=f(x)$,$\Phi(0)=0$,其中 $f(x)$ 是连续函数.

5. 求证:若函数 $f(x)$ 在区间 $[a,b]$ 上连续,则对于 $\forall x\in[a,b]$,有 $\int_a^x\left(\int_a^y f(t)\mathrm{d}t\right)\mathrm{d}y=\int_a^x f(t)(x-t)\mathrm{d}t$.

6. 求证:若函数在 $[a,b]$ 上连续,则 $\forall x\in[a,b)$,有 $\lim\limits_{t\to 0}\dfrac{1}{t}\int_a^x[f(t+u)-f(u)]\mathrm{d}u=f(x)-f(a)$.

7. 设 $F(u)=\int_a^b f(x)|x-u|\mathrm{d}x\ (b>a>0)$,其中 $f(x)$ 可导,求 $F''(u)$.

8. 在闭区间 $[1,3]$ 上用线性函数 $a+bx$ 来近似代替 $f(x)=x^2$,求 a,b,使得 $\int_1^3(a+bx-x^2)^2\mathrm{d}x$ 最小.

9. 讨论函数 $F(y)=\int_0^1\dfrac{yf(x)}{x^2+y^2}\mathrm{d}x$ 的连续性,其中 $f(x)$ 是 $[0,1]$ 上正的连续函数.

10. 计算下列积分.

(1) $\int_0^{\pi}\ln(1-2a\cos x+a^2)\mathrm{d}x$,$|a|<1$;(2) $\int_0^{\frac{\pi}{2}}\ln(a^2\cos^2x+b^2\sin^2x)\mathrm{d}x$,$a,b>0$;

(3) $\int_0^{\frac{\pi}{2}}\dfrac{\arctan(a\tan x)}{\tan x}\mathrm{d}x$;　　(4) $\int_0^{\pi}\ln(1+a\cos x)\mathrm{d}x$,$|a|<1$;

(5) $\int_0^{2\pi}\mathrm{e}^{a\cos x}\cos(a\sin x)\mathrm{d}x$.

11. 求证:$\int_0^1\left(\int_0^1\dfrac{x^2-y^2}{x^2+y^2}\mathrm{d}x\right)\mathrm{d}y\neq\int_0^1\left(\int_0^1\dfrac{x^2-y^2}{x^2+y^2}\mathrm{d}y\right)\mathrm{d}x$. 这个例子便说明了被积函数没有连续性的情况下,积分换序不再能保证.

12. 计算下列积分.

(1) $\int_0^1\sin\left(\ln\dfrac{1}{x}\right)\dfrac{x^b-x^a}{\ln x}\mathrm{d}x$,$b>a>0$;　　(2) $\int_0^1\cos\left(\ln\dfrac{1}{x}\right)\dfrac{x^b-x^a}{\ln x}\mathrm{d}x$,$b>a>0$;

13. 设 $F(x,y)=\int_{\frac{x}{y}}^{xy}(x-yz)f(z)\mathrm{d}z$,其中 $f(z)$ 为可微函数,求 $F_{xy}(x,y)$.

14. 若二元函数 $f(x,y)$ 在 $\mathbf{R}^2$ 中有连续的二阶偏导函数,且 $\dfrac{\partial^2 f(x,y)}{\partial x^2}+\dfrac{\partial^2 f(x,y)}{\partial y^2}=0$,而 $f(x,y)$ 的一阶偏导函数对任意固定的 $y\in\mathbf{R}$,是 x 的以 2π 为周期的函数,求证:函数 $F(y)=\int_0^{2\pi}\left[\left(\dfrac{\partial f(x,y)}{\partial x}\right)^2-\left(\dfrac{\partial f(x,y)}{\partial y}\right)^2\right]\mathrm{d}x$ 为常值函数.

15. 设函数$f(x,y)$在矩形区域$[a,b]\times[c,d]$上有界,除去该矩形区域中的有限条连续曲线$y=g_i(x)$的点集上连续,求证:$F(x)=\int_c^d f(x,y)\mathrm{d}y$在$[a,b]$上连续.

16. 求证:含参变量y的广义积分$\int_a^{+\infty} f(x,y)\mathrm{d}x$在$[c,d]$上一致收敛的充要条件是:对于任意一个发散至$+\infty$的单调增加的数列$\{A_n\}$(其中$A_1=a$),函数项级数$\sum_{n=1}^{\infty}\int_{A_n}^{A_{n+1}} f(x,y)\mathrm{d}x=\sum_{n=1}^{\infty}u_n(y)$在$[c,d]$上一致收敛.

17. 设$f(x,y)$在$[a,+\infty)\times[c,d]$上连续,若含参变量y的广义积分$\int_a^{+\infty} f(x,y)\mathrm{d}x$在$[c,d]$上收敛于连续函数$F(y)$,且$f(x,y)$在$[a,+\infty)\times[c,d]$上同号,求证:$\int_a^{+\infty} f(x,y)\mathrm{d}x$在$[c,d]$上一致收敛于$F(y)$.

18. 设函数$f(x)$在$x=a$的某个邻域U中连续,求证:当$x\in U$时,函数$\Psi(x)=\dfrac{\int_a^x (x-u)^{m-1}f(u)\mathrm{d}u}{(m-1)!}(m\in\mathbb{N}^*)$的$m$阶导函数存在,且$\dfrac{\mathrm{d}^n\Psi(x)}{\mathrm{d}x^n}=f(x)$.

19. 证明下列各个小题.

(1) $\int_1^{+\infty}\dfrac{y^2-x^2}{(y^2+x^2)^2}\mathrm{d}x$在$(-\infty,+\infty)$上一致收敛;

(2) $\int_0^{+\infty}\mathrm{e}^{-x^2y}\mathrm{d}y$在$[a,b],a>0$上一致收敛;

(3) $\int_0^{+\infty}x\mathrm{e}^{-xy}\mathrm{d}y$在$[a,b],a>0$上一致收敛,但在$[a,b]$不一致收敛;

(4) $\int_0^1 \ln xy\mathrm{d}y$在$\left[\dfrac{1}{b},b\right],b<1$上一致收敛;

(5) $\int_0^1\dfrac{\mathrm{d}x}{x^p}$在$(-\infty,b],b<1$上一致收敛;

(6) $\int_0^{+\infty}\dfrac{y\cos yx}{y^3+x^2}\mathrm{d}x$在$[1,10]$上一致收敛;

(7) $\int_0^{+\infty}\mathrm{e}^{-yx}\sin x\mathrm{d}x$在$[a,+\infty),a>0$上一致收敛;

(8) $\int_0^{+\infty}\mathrm{e}^{-x^2}\cos yx\mathrm{d}x$在$(-\infty,+\infty)$上一致收敛;

(9) $\int_0^{+\infty}y\mathrm{e}^{-yx}\mathrm{d}x$在$[0,1]$上不一致收敛;

(10) $\int_1^{+\infty}\dfrac{y}{(y+x)^2}\mathrm{d}x$在$(0,+\infty)$上不一致收敛;

20. 若在区域$[a,+\infty)\times[c,d]$上,$|f(x,y)|\leqslant F(x,y)$,且含参变量y的广义积分$\int_a^{+\infty}F(x,y)\mathrm{d}x$在$[c,d]$上一致收敛,求证:含参变量$y$的广义积分$\int_a^{+\infty}f(x,y)\mathrm{d}x$在$[c,d]$上一致收敛,且绝对收敛.

21. 若二元函数$f(x,y)$在区域$[a,+\infty)\times[c,d]$上连续,且对于每个$y\in[c,d)$,$\int_a^{+\infty}f(x,y)\mathrm{d}x$收敛,但是$\int_a^{+\infty}f(x,d)\mathrm{d}x$发散,求证:含参变量$y$的广义积分$\int_a^{+\infty}f(x,y)\mathrm{d}x$在$[c,d]$上不一致收敛.

22. 若二元函数$f(x,y)$在区域$[a,+\infty)\times[c,d]$上连续且非负,含参变量y的广义积分$F(y)=\int_a^{+\infty}f(x,y)\mathrm{d}x$在$[c,d]$上连续,求证:$F(y)$在$[c,d]$上一致收敛.

23. 讨论下列广义积分的一致收敛性、连续性.

(1) $\int_1^{+\infty}x^s\mathrm{e}^{-x}\mathrm{d}x, s\in[a,b]$,$a,b$为任意实数;

(2) $\int_0^{+\infty}\sqrt{s}\,\mathrm{e}^{-sx^2}\mathrm{d}x, s\in(0,+\infty)$;

(3) $\int_{-\infty}^{+\infty}\sqrt{a}\,\mathrm{e}^{-(x-a)^2}\mathrm{d}x$分别考虑当$a\in[a,b]$和$a\in(-\infty,+\infty)$时;

(4) $\int_0^1 x^{a-1}\ln^2x\mathrm{d}x$分别考虑当$a\in[a_0,+\infty)$,$a_0>0$和$a\in(0,+\infty)$时;

(5) $\int_0^{+\infty}\sin x\mathrm{e}^{-ax}\mathrm{d}x, a>0$;

(6) $\int_0^{\pi}\frac{\sin x}{(\pi-x)^s x^s}\mathrm{d}s, s\in(0,2)$;

(7) $\int_1^{+\infty}\frac{\sin x}{x^s}\mathrm{d}x, s\in(0,+\infty)$;

(8) $\int_0^{+\infty}\sin x\mathrm{e}^{-(1+a^2)x}\mathrm{d}x, a\in(-\infty,+\infty)$;

(9) $\int_0^{\pi}\frac{\cos xy}{\sqrt{x+y}}\mathrm{d}x, y\in[a_0,+\infty), a_0>0$;

(10) $\int_1^{+\infty}\mathrm{e}^{-sx}\frac{\sin x}{\sqrt{x}}\mathrm{d}x, s\in[0,+\infty)$;

(11) $\int_0^{+\infty}x\ln x\mathrm{e}^{-a\sqrt{x}}\mathrm{d}x$,分别考虑当$a\in[a_0,+\infty)$,$a_0>0$和$a\in(0,+\infty)$时;

(12) $\int_1^{+\infty}\frac{1-\mathrm{e}^{-ax}}{x}\mathrm{d}x, a\in[0,1]$;

(13) $\int_0^{+\infty}\frac{ax}{1+a^2+x^2}\mathrm{e}^{-a^2x^2}\cos a^2x^2\mathrm{d}x, a\in[0,1]$;

(14) $\int_0^{+\infty}\sin x\mathrm{e}^{-a^2(1+x^2)}\mathrm{d}x, a>0$;

(15) $\int_0^{+\infty}\frac{a\mathrm{d}x}{1+a^2x^2}, a\in(0,1)$;

(16) $\int_0^2\frac{x^a}{\sqrt[3]{(x-1)(x-2)}}\mathrm{d}x, |a|<\frac{1}{2}$;

(17) $\int_0^1(1-x)^{a-1}\mathrm{d}x$,分别考虑当$a\in[a_0,+\infty)$,$a_0>0$和$a\in(0,+\infty)$时;

(18) $\int_0^{+\infty} \frac{\sin^2 x}{1+x^s}dx, s \in [0, +\infty)$;

(19) $\int_0^1 \frac{1}{x^a}\sin\frac{1}{x}dx, 0 < x < 2$;

(20) $\int_0^{+\infty} \frac{e^{-x}}{|\sin x|^a}dx, a \in [0,b], 0 < b < 1$.

24. 求证：$\int_0^1 (1+x+\cdots+x^n)\left(\ln\frac{1}{x}\right)^{\frac{1}{2}}dx$ 关于 $n \in \mathbb{N}^*$ 一致收敛.

25. 求证：含参变量的广义积分 $\int_1^{+\infty} e^{-\frac{1}{a^2}\left(x-\frac{1}{a}\right)^2}dx$ 虽然在 $0 < a < 1$ 上一致收敛，但是却不能用魏尔斯特拉斯判别法进行判别.

26. 设函数 $f(x)$ 在 $x > 0$ 时连续，积分 $\int_0^{+\infty} x^s f(x)dx$ 在 $s=a$ 和 $s=b$，$(a < b)$，处收敛. 求证 $\int_0^{+\infty} x^s f(x)dx$ 在 $[a,b]$ 上一致收敛.

27. 求下列积分.

(1) $\int_0^{+\infty} \frac{e^{-a^2x^2}-e^{-b^2x^2}}{x^2}dx$;

(2) $\int_0^{+\infty} \frac{e^{-x}\sin ax}{x}dx$;

(3) $\int_0^{+\infty} \frac{e^{-x}(1-\cos ax)}{x}dx$;

(4) $\int_0^{+\infty} \frac{\ln(a^2+x^2)}{b^2+x^2}dx, b \neq 0$;

(5) $\int_0^{+\infty} \frac{\arctan ax}{x(1+x^2)}dx$;

(6) $\int_0^{+\infty} \frac{\cos bx}{a^2+x^2}dx$;

(7) $\int_0^1 \frac{\ln(1-a^2x^2)}{\sqrt{1-x^2}}dx, -1 \leqslant a \leqslant 1$;

(8) $\int_0^{+\infty} \cos 2ax e^{-x^2}dx$;

(9) $\int_1^{+\infty} \frac{s}{x}e^{-sx}dx, s \geqslant 1$;

(10) $\int_1^{+\infty} \frac{\arctan ax}{x^2(\sqrt{x^2-1})}dx$;

(11) $\int_0^{+\infty} \frac{\arctan ax \arctan bx}{x^2}dx, a,b > 0$;

(12) $\int_0^{+\infty} \left(\frac{e^{-ax}-e^{-bx}}{x}\right)^2 dx$.

28. 设 $\int_{-\infty}^{+\infty} |f(x)|dx$ 收敛，求证：函数 $\int_{-\infty}^{+\infty} f(x)\cos ax dx$ 在 $(-\infty, +\infty)$ 上一致连续.

29. 利用等式 $e^{-x^2} = \lim_{n\to\infty}\left(1+\frac{x^2}{n}\right)^{-n}$，求证：$\int_0^{+\infty} e^{-x^2}dx = \lim_{n\to\infty}\sqrt{n}\int_0^{\frac{\pi}{2}} \sin^{2n-2}x dx = \frac{\sqrt{\pi}}{2}$.

30. 证明下列关于 Beta 函数 $B(p,q)$ 或者 Gamma 函数 $\Gamma(s)$ 的性质.

(1) $B(p,q) = \frac{q-1}{p+q-1}B(p,q-1), p > 0, q > 1$;

(2) $B(p,q) = \frac{(p-1)(q-1)}{(p+q-1)(p+q-2)} = B(p-1,q-1), p,q > 1$;

(3) $B(p,q) = 2\int_0^{\frac{\pi}{2}} \sin^{2q-1}x\cos^{2p-1}x dx = \int_0^{+\infty} \frac{x^{p-1}}{(1+x)^{p+q}}dx = \int_0^1 \frac{x^{p-1}+x^{q-1}}{(1+x)^{p+q}}dx$;

(4) $\Gamma\left(\frac{1}{2}\right) = 2\int_0^{+\infty} e^{-x^2}dx = \sqrt{\pi}$;

(5) $\Gamma(s)=2\int_0^{+\infty}x^{2s-1}\mathrm{e}^{-x^2}\mathrm{d}x=a^s\int_0^{+\infty}x^{s-1}\mathrm{e}^{-ax}\mathrm{d}x, s,a>0$.

31 求证:$\ln\Gamma(x)$ 是其定义域 $(0,+\infty)$ 上的凸函数.

32. 证明下面的命题:

若定义在 $(0,+\infty)$ 上的函数 $f(x)$ 满足:(1) $f(x)>0$ 且 $f(1)=1$;(2) $f(x+1)=xf(x)$;(3) $\ln f(x)$ 是 $(0,+\infty)$ 上的凸函数,则 $f(x)\equiv\Gamma(x)$[这个定理是由玻尔(大卫的弟弟,哈拉德)同莫勒鲁普一同证明的,因此有时候也被称为玻尔-莫勒鲁普定理].

33. 求证:$\Gamma(x)=\lim\limits_{n\to\infty}\dfrac{n^x n!}{x(x+1)\dots(x+n)}$.

34. 求证:当 $m,n>0$ 时,$B(m,n)=\dfrac{\Gamma(m)\Gamma(n)}{\Gamma(m+n)}$(提示:对每个固定的 $n>0$,定义函数 $f(m)=\dfrac{\Gamma(m+n)B(m,n)}{\Gamma(n)}$,去验证 $f(m)$ 满足第 32 题的 3 个条件).

35. 求证:$B(p,1-p)=\Gamma(p)\Gamma(1-p)=\dfrac{\pi}{\sin p\pi}$[提示:利用第 30 题的(3)式的最后一个等号,此式又称为余元公式].

36. 求证:$\Gamma(2s)=\dfrac{2^{2s-1}}{\sqrt{\pi}}\Gamma(s)\Gamma(s+1)$(此式又称为倍元公式).

37. 求证:对于任意 $s>0$,存在 $\theta(s)\in(0,1)$,使得 $\Gamma(s+1)=\sqrt{2s\pi}\left(\dfrac{s}{\mathrm{e}}\right)^s\mathrm{e}^{\frac{\theta(s)}{12}}$. 特别地,有公式 $\lim\limits_{n\to\infty}\dfrac{n!}{\sqrt{2n\pi}\left(\dfrac{n}{\mathrm{e}}\right)^n}=1$(提示:利用第 33 题,此命题称为斯特林定理).

38. 证明下列公式:

(1) $\displaystyle\int_0^{\frac{\pi}{2}}\sin^a x\cos^b x\mathrm{d}x=\frac{\Gamma\left(\frac{a+1}{2}\right)\Gamma\left(\frac{b+1}{2}\right)}{2\Gamma\left(\frac{a+b+1}{2}\right)}, a,b>-1$;

(2) $\displaystyle\int_0^{\frac{\pi}{2}}\tan^a x\mathrm{d}x=\frac{\pi}{2\cos\frac{a\pi}{2}}$;

(3) $\lim\limits_{x\to+\infty}\dfrac{x^a\Gamma(x)}{\Gamma(x+a)}=1, \forall a\in\mathbb{R}$;

(4) $\lim\limits_{n\to\infty}\displaystyle\int_0^1(1-x^2)^n\mathrm{d}x=\frac{\sqrt{\pi}}{2}$;

(5) $\displaystyle\int_0^1\ln\Gamma(x)\mathrm{d}x=\ln\sqrt{2\pi}$;

(6) $\displaystyle\int_0^1\sin\pi x\ln\Gamma(x)\mathrm{d}x=\frac{1}{\pi}\left(1+\ln\frac{\pi}{2}\right)$;

(7) $\displaystyle\sum_{n=1}^{\infty}\frac{1}{nC_{2n}^n}=\frac{\pi}{3\sqrt{3}}$;

(8) $\Gamma\left(\dfrac{1}{n}\right)\Gamma\left(\dfrac{2}{n}\right)\cdots\Gamma\left(\dfrac{n-1}{n}\right)=\dfrac{(2\pi)^{\frac{n-1}{2}}}{\sqrt{n}}$;

(9) $\sin x=x\displaystyle\prod_{n=1}^{\infty}\left(1-\frac{x^2}{n^2\pi^2}\right)$.

39. 利用 Gamma 函数计算下列积分.

(1) $\int_0^1 \sqrt{x - x^2}\,\mathrm{d}x$;

(2) $\int_0^{+\infty} \frac{\sqrt[4]{x}}{(1 + x)^2}\mathrm{d}x$;

(3) $\int_0^{+\infty} \frac{\mathrm{d}x}{1 + x^3}$;

(4) $\int_0^{\frac{\pi}{2}} \sin^5 x \cos^6 x\mathrm{d}x$.

40. 利用斯特林定理求下列极限.

(1) $\lim\limits_{n\to\infty} \sqrt[n^2]{n!}$;

(2) $\lim\limits_{n\to\infty} \frac{n}{\sqrt[n]{n!}}$;

(3) $\lim\limits_{n\to\infty} \frac{n}{\sqrt[n]{(2n-1)!!}}$;

(4) $\lim\limits_{n\to\infty} \frac{\ln n!}{\ln n^n}$.

第 6 章

函数项级数的一致收敛性

6.1 问题的阐释

6.1.1 幂级数回顾

定义 6.1 （幂级数）令 $\{a_n\}_{n=0}^{\infty}$ 是一个数列，称级数 $\sum\limits_{n=0}^{\infty} a_n x^n$ 为幂级数.

设幂级数的收敛半径为 R，则

(1) 幂级数 $\sum\limits_{n=0}^{\infty} a_n x^n$ 绝对收敛当且仅当 $|x|<R$.

(2) 若 $\lim\limits_{n\to\infty} \dfrac{|a_{n+1}|}{|a_n|}=\alpha$ 或 $\lim\limits_{n\to\infty} \sqrt[n]{|a_n|}=\alpha$，则

①当 $\alpha\neq 0$ 时，则 $R=\dfrac{1}{\alpha}$；

②当 $\alpha=+\infty$ 时，则 $R=0$；

③当 $\alpha=0$ 时，则 $R=\infty$.

注 6.1 幂级数 $\sum\limits_{n=0}^{\infty} a_n x^n$ 的敛散性，是固定了 x，把它看成了数项级数，利用数项级数的敛散性来考虑其收敛性.

命题 6.1 若幂级数 $\sum\limits_{n=0}^{\infty} a_n x^n$ 的收敛半径为 $R>0$，其和函数记为 $S(x)$，则

(1) 和函数 $S(x)$ 在区间 $(-R,R)$ 连续；

(2) 和函数 $S(x)$ 在 $[0,x]\subset(-R,R)$ 可积，且可逐项积分，即

$$\int_0^x S(t)\,\mathrm{d}t=\sum_{n=0}^{\infty}\int_0^x a_n t^n\,\mathrm{d}t=\sum_{n=0}^{\infty}\frac{a_n}{n+1}x^{n+1}.$$

(3) 和函数 $S(x)$ 在区间 $(-R,R)$ 可导，且可逐项微分，即 $\forall x\in(-R,R)$，有

$$S'(x)=\sum_{n=0}^{\infty}(a_nx^n)'=\sum_{n=0}^{\infty}na_nx^{n-1}.$$

问题 6.1 若幂级数 $\sum_{n=0}^{\infty}a_nx^n$ 收敛，为什么其和函数 $S(x)$ 在收敛区间中具有连续、可导和可积的性质呢？

6.1.2 三个重要问题

假设函数列 $u_n(x)$ 在收敛区间内是连续的或可微的或 Riemann 可积的，且级数 $\sum_{n=0}^{\infty}u_n(x)$ 关于 x 是逐点收敛于和函数 $u(x)$.

问题 6.2 和函数 $u(x)$ 是否与级数的通项 $u_n(x)$ 具有相同的性质？

(1)通项 $u_n(x)$ 的连续性是否蕴含了和函数 $u(x)$ 的连续性？

(2)通项 $u_n(x)$ 的可积性是否蕴含了和函数 $u(x)$ 的可积性？

(3)通项 $u_n(x)$ 的可微性是否蕴含了和函数 $u(x)$ 的可微性？

例 6.1 考虑级数 $\sum_{n=0}^{\infty}u_n(x)$，其中

$$u_n(x)=\frac{x^2}{(1+x^2)^n},x\in\mathbb{R},n=0,1,2,\cdots$$

该级数的部分和：

$$S_n(x)=x^2\sum_{k=0}^{n-1}\left(\frac{1}{1+x^2}\right)^k=x^2+1-\frac{1}{(1+x^2)^{n-1}}.$$

因此，

$$\lim_{n\to\infty}S_n(x)=u(x)=\begin{cases}0, & x=0\\ 1+x^2, & x\neq 0\end{cases}$$

通项 $u_n(x)$ 是定义在 $(-\infty,+\infty)$ 上的有理函数，因此是任意阶可微的，然而和函数在 $x=0$ 处是不连续的.

问题 6.2 对一般函数项级数并没有肯定的解答. 自然的，该问题对函数列及其极限函数是否成立呢？

例 6.2 设极限函数 $u(x)=\lim_{n\to\infty}u_n(x)$，且函数列 $\{u_n(x)\}$ 是可微的，这不意味着 $\{u'_n(x)\}$ 一定收敛于 $u'(x)$. 考虑函数列

$$u_n(x)=\frac{\sin(nx)}{\sqrt{n}},$$

对任意的 $x\in(-\infty,+\infty)$，其极限函数为 $u(x)=0$ 且 $u'(x)=0$.

然而导函数列

$$u'_n(x)=\sqrt{n}\cos(nx)$$

却不存在极限函数.

习题

1. 考虑按照如下方式定义的函数列$f_n(x)$

$$f_n(x)=\frac{nx+x^2}{n^2},x\in\mathbb{R}$$

说明函数列$f_n(x)$是逐点收敛的，这里逐点收敛是指固定了x，将函数列看成数列的收敛性.

2. 考虑如下的函数列

$$f_n(x)=\frac{\sin(nx+3)}{\sqrt{n+1}},$$

对任意的$x\in\mathbb{R}$，说明函数列$f_n(x)$是逐点收敛的.

6.2　函数列的一致收敛性及其性质

6.2.1　函数列的一致收敛性

定义 6.2　设$x_0\in E\subset\mathbb{R}=(-\infty,+\infty)$，若数列

$$f_1(x_0),f_2(x_0),\cdots,f_n(x_0),\cdots$$

收敛，则称函数列

$$f_1(x),f_2(x),\cdots,f_n(x),\cdots$$

在点x_0处收敛且称x_0为收敛点.

若数列$f_n(x_0)$发散，则称函数列$f_n(x)$在点x_0处发散且称x_0为发散点.

若函数列$f_n(x)$在数集$D\subset E$上每一点都收敛，则称该函数列在D内收敛.

使得函数列$f_n(x)$收敛的全体收敛点的集合，称为该函数列的收敛域.

定义 6.3　在函数序列$\{f_n(x)\}_{n\in N}$的收敛域D上，自然会产生由该关系定义的函数$f(x):E\to\mathbb{R}$

$$f(x):=\lim_{n\to\infty}f_n(x).$$

该函数称为函数列$\{f_n(x)\}_{n\in N}$的极限函数.

注 6.2　函数列$f_n(x)$在区间I上收敛于极限函数$f(x)$，可以写为

$$f(x)=\lim_{n\to\infty}f_n(x)$$

或者

$$f_n(x)\to f(x),(n\to\infty).$$

例 6.3　令$I=\{x\in\mathbb{R}\mid x\geqslant0\}$且定义函数列$f_n:I\to\mathbb{R}$如下：

$$f_n(x)=x^n,(n\in\mathbb{N}).$$

显然，该函数列在区间$[0,1]$上收敛于极限函数$f:I\to\mathbb{R}$：

$$f(x)=\begin{cases}0, & 0 \leqslant x \leqslant 1 \\ 1, & x=1\end{cases}$$

例 6.4 定义在$\mathbb{R}$上的函数列

$$f_n(x)=\frac{\sin n^2 x}{n}$$

在$\mathbb{R}$上收敛且极限函数为$f(x)=0,(x\in\mathbb{R})$.

例 6.5 考虑定义在闭区间$I=[0,1]$上的函数列：

$$f_n(x)=2(n+1)x(1-x^2)^n$$

注意到当$|q|<1$时，$nq^n\to 0$时，因此该函数列在闭区间I上收敛.

例 6.6 令$m,n\in\mathbb{N}$，且

$$f_m(x):=\lim_{n\to\infty}(\cos m!\,\pi x)^{2n}.$$

若$m!\,x\in\mathbb{Z}$，则$f_m(x)=1$；若$m!\,x\notin\mathbb{Z}$，则$f_m(x)=0$.

若$x\notin\mathbb{Q}$，则$m!\ x\notin\mathbb{Z}$，且对任意的$m\in\mathbb{N}$，$f_m(x)=0$. 这样$f(x)=0$.

若$x=\frac{p}{q}$，$(p,q\in\mathbb{Z})$，则当$m\geqslant q$，$m!\ x\in\mathbb{Z}$且对任意的m，$f_m(x)=1$，这导致了$f(x)=1$.

因此，

$$\lim_{m\to\infty}f_m(x)=D(x)=\begin{cases}0, & x\notin\mathbb{Q} \\ 1, & x\in\mathbb{Q}\end{cases}.$$

定义 6.4 设函数列$\{f_n(x)\}$与函数$f(x)$定义在同一数集$I\subset\mathbb{R}$上，若对任给的$\varepsilon>0$，总存在某一正整数N，使得当$n>N$时，对一切$x\in D$，都有

$$|f_n(x)-f(x)|<\varepsilon$$

则称函数列$\{f_n(x)\}$在I上一致收敛于$f(x)$，记作

$$f_n(x)\rightrightarrows f(x)\ (n\to\infty),x\in I.$$

注 6.3 在定义 6.3 中，自然数N只与ε有关。因此，一致收敛意味着逐点收敛。但反过来是错误的，我们可以从下面的反例中看到。

例 6.7 在$(0,\infty)$上定义函数列$f_n(x)$如下：

$$f_n(x)=\frac{nx}{1+n^2x^2},$$

由于当$x=0$，$f_n(x)=0$. 对任意的$x\neq 0$，

$$\lim_{n\to\infty}f_n(x)=\lim_{n\to\infty}\frac{n^2x^2}{1+n^2x^2}\cdot\frac{nx}{n^2x^2}=\lim_{n\to\infty}\frac{nx}{n^2x^2}=\frac{1}{x}\lim_{n\to\infty}\frac{1}{n}=0.$$

该函数列当$x\in\mathbb{R}$逐点收敛于 0.

但是当$\varepsilon<\frac{1}{2}$时，我们有

$$\left|f_n\left(\frac{1}{n}\right)-f\left(\frac{1}{n}\right)\right|=\frac{1}{2}-0>\varepsilon.$$

因此$\{f_n(x)\}$不是一致收敛的.

例 6.8 设

$$f_n(x)=\frac{x^2}{1+n^2x^2},$$

试讨论 $\{f_n\}$ 在 $(-\infty,+\infty)$ 上的一致收敛性.

解:由于

$$\lim_{n\to\infty} f_n(x)=\lim_{n\to\infty}\frac{n^2x^2}{1+n^2x^2}\cdot\frac{1}{n^2}=\lim_{n\to\infty}\frac{1}{n^2}=0,$$

因此极限函数 $f(x)=0,x\in(-\infty,+\infty)$.

注意到

$$|f_n(x)-f(x)|=\frac{x^2}{1+n^2x^2}\leqslant\frac{1}{n^2},$$

所以对任意给定的 $\varepsilon>0$,由 $\frac{1}{n^2}<\varepsilon$,得 $n>\sqrt{\frac{1}{\varepsilon}}$. 故只有取 $N=\sqrt{\frac{1}{\varepsilon}}$,则对任意的 $n>N$ 和一切的 $x\in(-\infty,+\infty)$,都有

$$|f_n(x)-f(x)|\leqslant\frac{1}{n^2}<\varepsilon,$$

因此 $f_n(x)$ 在 $(-\infty,+\infty)$ 上一致收敛于 $f(x)=0$.

定义 6.5　设函数列 $f_n(x)$ 与 $f(x)$ 定义在区间 I 上,若对任意闭区间 $[a,b]\subset I$,$f_n(x)$ 在 $[a,b]$ 上一致收敛于 $f(x)$,则称 $f_n(x)$ 在 I 上内闭一致收敛于 $f(x)$.

注 6.4　若 $I=[\alpha,\beta]$ 是有界闭区间,显然 $f_n(x)$ 在 I 上内闭一致收敛于 $f(x)$ 与 $f_n(x)$ 在 I 上一致收敛于 $f(x)$ 是一致的.

例 6.9　考虑函数列

$$f_n(x)=\frac{x}{n}.$$

证明:(1) $f_n(x)$ 在 $(-\infty,+\infty)$ 上逐点收敛于 $f(x)=0$ 但非一致收敛;

(2) $f_n(x)$ 在 $(-\infty,+\infty)$ 上内闭一致收敛于 $f(x)=0$.

证明:容易得出,

$$\lim_{n\to\infty} f_n(x)=\lim_{n\to\infty}\frac{x}{n}=0,$$

但对于 $\varepsilon_0=1$,$\forall N>0$,存在 $n'>N,x'=2n'\in(-\infty,+\infty)$,使得

$$|f_n{}'(x')-f(x')|=2>\varepsilon_0,$$

所以 $f_n(x)=\frac{x}{n}$ 在 $(-\infty,+\infty)$ 上非一致收敛.

对任意的 $[a,b]\subset(-\infty,+\infty)$,

$$|f_n(x)-f(x)|=\left|\frac{x}{n}\right|\leqslant\frac{c}{n},$$

其中 $c=\max\{|a|,|b|\}$.

则对任意给定的 $\varepsilon>0$,取 $N=\frac{c}{\varepsilon}$,则当 $n>N$ 时,就有

$$|f_n(x)-f(x)|=\left|\frac{x}{n}\right|\leqslant\frac{c}{n}<\varepsilon.$$

即 $f_n(x)=\frac{x}{n}$ 在闭区间 $[a,b]$ 上一致收敛,由 $[a,b]$ 的任意性知其内闭一致收敛.

6.2.2 函数列的一致收敛性的判定准则

定理 6.1 （柯西准则）函数列$f_n(x)$在数集 I 上一致收敛的充要条件是：对任给正数 ε，总存在正数 N，使得当 $n,m>N$ 时，对一切 $x\in I$，都有

$$|f_n(x)-f_m(x)|<\varepsilon.$$

证明：[必要性] 设$f_n(x)\rightrightarrows f(x)(n\to\infty)$，$x\in D$，即对任给 $\varepsilon>0$，存在正数 N，使得当 $n>N$ 时，对一切 $x\in I$，都有

$$|f_n(x)-f(x)|<\frac{\varepsilon}{2}.$$

于是当 $n,m>N$，就有

$$|f_n(x)-f_m(x)|\leqslant|f_n(x)-f(x)|+|f(x)-f_m(x)|<\frac{\varepsilon}{2}+\frac{\varepsilon}{2}=\varepsilon.$$

[充分性] 由题设及数列收敛的柯西准则，对任意的 $\varepsilon>0$，存在 $N>0$，对任意的 $m,n>N$，

$$|f_n(x)-f_m(x)|<\varepsilon.$$

现固定上式中的 n，令 $m\to\infty$，于是当 $n>N$ 时，对一切 $x\in I$，都有

$$|f_n(x)-f(x)|\leqslant\varepsilon$$

由定义 6.4，对任意的 $x\in I$，

$$f_n(x)\rightrightarrows f(x)(n\to\infty).$$

定理 6.2 （余项准则）函数列$f_n(x)$在区间 I 上一致收敛于 f 的充要条件是：

$$\lim_{n\to\infty}\sup_{x\in I}|f_n(x)-f(x)|=0.$$

证明：[必要性] 若$f_n(x)\rightrightarrows f(x)(n\to\infty)$，$x\in I$. 则对任给的正数 ε，存在不依赖于 x 的正整数 N，当 $n>N$ 时，有

$$|f_n(x)-f(x)|<\varepsilon,x\in I.$$

由上确界的定义，亦有

$$\sup_{x\in I}|f_n(x)-f(x)|\leqslant\varepsilon.$$

这就证得结论成立.

[充分性] 由假设，对任给 $\varepsilon>0$，存在正整数 N，使得当 $n>N$ 时，有

$$\sup_{x\in I}|f_n(x)-f(x)|<\varepsilon.$$

因为对一切 $x\in I$，总有

$$|f_n(x)-f(x)|\leqslant\sup_{x\in I}|f_n(x)-f(x)|,$$

故

$$|f_n(x)-f(x)|<\varepsilon.$$

于是$f_n(x)$在 I 上一致收敛于$f(x)$.

推论 6.1 设$f_n(x)\to f(x)$，$x\in I$，$a_n\to 0(n\to\infty)(a_n>0)$. 若对每一个正整数 n 有

$$|f_n(x)-f(x)|<a_n,x\in I,$$

则$f_n(x)$在 I 上一致收敛于$f(x)$.

推论 6.2 函数列$f_n(x)$在 I 上不一致收敛于$f(x)$的充分必要条件是：存在$\{x_n\}\subset I$，使得

$$\lim_{n\to\infty}|f_n(x_n)-f(x_n)|\neq 0.$$

例 6.10　讨论函数列

$$f_n(x)=(1-x)x^n$$

在[0,1]上的一致收敛性.

解:当 $x\in[0,1]$ 时, $\lim\limits_{n\to\infty}f_n(x)=\lim\limits_{n\to\infty}(1-x)x^n=0$. 故极限函数 $f(x)=0$.

考虑

$$\varphi(x)=|f_n(x)-f(x)|=(1-x)x^n$$

[0,1]上的上确界. 由于 $\varphi(x)$ 在[0,1]上连续,所以能够取到最大值,这个最大值就是上确界.

利用导数

$$\varphi'(x)=x^{n-1}[n-(n+1)x]=0,$$

得 $\varphi(x)$ 在 $x_0=\dfrac{n}{n+1}\in[0,1]$ 处取得最大值. 所以

$$a_n=\sup_{x\in[0,1]}\varphi(x)=\left(1-\frac{n}{n+1}\right)\left(\frac{n}{n+1}\right)^n\to 0(n\to\infty).$$

从而 $f_n(x)$ 在[0,1]上一致收敛于 0.

例 6.11　讨论

$$f_n(x)=\left(1+\frac{x}{n}\right)^n$$

在 $[0,a]\ (a>0)$ 上的一致收敛性.

解:显然 $f_n(x)$ 在 $[0,+\infty)$ 上收敛于 $f(x)=\mathrm{e}^x$.

注意到

$$|f_n(x)-f(x)|=\left|\left(1+\frac{x}{n}\right)^n-\mathrm{e}^x\right|=\mathrm{e}^x\left|\mathrm{e}^{-x}\left(1+\frac{x}{n}\right)^n-1\right|.$$

比较复杂,无法直接确定其上确界.

令函数

$$\varphi(x)=\mathrm{e}^{-x}\left(1+\frac{x}{n}\right)^n,$$

易知 $\varphi(x)$ 在闭区间 $[0,a]$ 上连续,必然存在最大值.

求导得

$$\varphi'(x)=-\mathrm{e}^{-x}\left(1+\frac{x}{n}\right)^{n-1}\frac{x}{n}\leqslant 0,x\in[0,a],$$

所以 φ 在 $[0,a]$ 上单调递减,且 $\varphi(0)=1,\varphi(a)=\mathrm{e}^{-a}\left(1+\dfrac{a}{n}\right)^n$. 从而

$$\mathrm{e}^{-a}\left(1+\frac{a}{n}\right)^n\leqslant \mathrm{e}^{-x}\left(1+\frac{x}{n}\right)^n\leqslant 1,x\in[0,a],$$

故

$$a_n=\sup_{x\in[0,a]}|f_n(x)-f(x)|\leqslant \mathrm{e}^a\left(1-\mathrm{e}^{-a}\left(1+\frac{a}{n}\right)^n\right)\to 0(n\to\infty),$$

因此$\{f_n(x)\}$在$[0,a](a>0)$上一致收敛于$f(x)=e^x$.

例 6.12 讨论函数列

$$f_n(x)=2n^2xe^{-n^2x^2}$$

在$[0,1]$上的一致收敛性.

解:由于对任意的$x\in[0,1]$,$\lim\limits_{n\to\infty}2n^2xe^{-n^2x^2}=0$,因此,极限函数为$f(x)=0$. 由于

$$\sup_{x\in[0,1]}|f_n(x)-f(x)|\geqslant\left|f_n\left(\frac{1}{n}\right)-f\left(\frac{1}{n}\right)\right|=\frac{2n}{e}\not\to 0,(n\to\infty),$$

所以$f_n(x)$在$[0,1]$上非一致收敛.

习题

1. 证明函数列

$$f_n(x)=nx(1-x)^n,n=1,2,\cdots,$$

(1)在$[0,1]$上收敛;

(2)在$[0,1]$上非一致收敛,但在$[\alpha,1](\alpha>0)$上一致收敛;

(3) $\lim\limits_{n\to\infty}\int_0^1 f_n(x)\mathrm{d}x=\int_0^1\lim\limits_{n\to\infty}f_n(x)\mathrm{d}x$.

2. 设函数列

$$f_n(x)=n(x^n-x^{2n}),n=1,2,\cdots,x\in[0,1].$$

(1)求函数列$f_n(x)$的极限函数;

(2)证明$f_n(x)$在$[0,1]$上非一致收敛;

(3)验证极限运算与积分运算不能交换次序.

3. 证明下列命题.

(1)证明函数列

$$f_n(x)=(1-x)x^n,n=1,2,\cdots,$$

在$[0,1]$上一致收敛,函数列

$$g_n(x)=(1-x^n)x,n=1,2,\cdots,$$

在$[0,1]$上非一致收敛.

(2)设$f(x)$在$[0,1]$上连续,$f(1)=0$. 证明$\{f(x)x^n\}$在$[0,1]$上一致收敛.

(3)设$f(x)$在$\left[\frac{1}{2},1\right]$上连续. 证明:

①$\{f(x)x^n\}$在$\left[\frac{1}{2},1\right]$收敛;

②$\{f(x)x^n\}$在$\left[\frac{1}{2},1\right]$上一致收敛的充要条件是$f(1)=0$.

(4)设$f(x)$在$\left[0,\frac{\pi}{2}\right]$上连续. 证明:

①$\{\sin^n x\}$在$\left[0,\frac{\pi}{2}\right]$上收敛,但在$\left[0,\frac{\pi}{2}\right]$上非一致收敛;

②$\{f(x)\sin^n x\}$在$\left[0,\frac{\pi}{2}\right]$上一致收敛的充要条件是$f\left(\frac{\pi}{2}\right)=0$.

4. 求解下列各题.

(1)设$f_n(x)=\cos^n x, n=1,2,\cdots,x\in\left[0,\frac{\pi}{2}\right]$.

①求极限函数$f(x)$;

②$f_n(x)$在$\left[0,\frac{\pi}{2}\right]$上是否一致收敛?

③是否有

$$\lim_{n\to\infty}\int_0^{\frac{\pi}{2}}f_n(x)\,\mathrm{d}x=\int_0^{\frac{\pi}{2}}f(x)\,\mathrm{d}x?$$

(2)设

$$f_n(x)=\cos x+\cos^2 x+\cdots+\cos^n x, n=1,2,\cdots,$$

当$x\in\left(0,\frac{\pi}{2}\right)$时,求$\lim\limits_{n\to\infty}f_n(x)$,并讨论$f_n(x)$在$\left(0,\frac{\pi}{2}\right]$上的一致收敛性.

5. 讨论下列函数列在指定区间上的一致收敛性.

(1)$f_n(x)=n^\alpha x\mathrm{e}^{-nx}, n=1,2,\cdots,x\in[0,+\infty)$(或$[0,1]$).

(2)$f_n(x)=n\,x\mathrm{e}^{-nx}, n=1,2,\cdots$,

①$x\in[0,1]$,②$x\in[1,+\infty)$.

(3)$f_n(x)=nx\mathrm{e}^{-nx^2}, n=1,2,\cdots,x\in[0,1]$.

(4)$f_n(x)=n^\alpha x\mathrm{e}^{-nx^2}, n\geqslant1,x\in[0,1]$.

(5)$f_n(x)=x\mathrm{e}^{-nx^2}, n\geqslant1,x\in[-l,l]$.

6. 证明下列命题.

(1)设函数列

$$f_n(x)=\frac{1}{nx+1}, n=1,2,\cdots,$$

证明:函数列$f_n(x)$在开区间$(0,1)$上非一致收敛.

(2)证明:函数列

$$f_n(x)=\frac{nx}{nx+1}, n=1,2,\cdots,$$

在$(0,1)$上非一致收敛.

(3)设函数列

$$f_n(x)=\frac{x}{1+n^2x^2}, n=1,2,\cdots,$$

证明:

①$f_n(x)$在$(-\infty,+\infty)$内一致收敛;

②$f'_n(x)$在$(-\infty,+\infty)$内非一致收敛.

(4)设函数列

$$f_n(x)=\frac{x}{1+n^3x^3}, n=1,2,\cdots,x\in(0,+\infty),$$

证明:$f_n(x)$在$(0,+\infty)$一致收敛于0,

$$\lim_{n\to\infty}\int_0^{+\infty} f_n(x)\,\mathrm{d}x=0.$$

(5)证明:函数列$f_n(x)=\arctan\left(x+\dfrac{1}{n}\right)$,$n=1,2,\cdots$,在$(-\infty,+\infty)$内一致收敛.

7. 设$f_n(x)$在$[a,b]$上连续,且$f_n(b)$发散. 证明:$f_n(x)$在$[a,b]$上非一致收敛.

6.3 函数项级数的一致收敛性

本节将介绍函数项级数及其一致收敛性的判定.

6.3.1 函数项级数

假设$u_n(x)$是定义在I上的函数列,令$S_n(x)$是级数$\sum\limits_{n=1}^{\infty}u_n(x)$的部分和定义为

$$S_n(x)=\sum_{k=1}^{n}u_k(x).$$

且该级数的和为

$$S(x)=\sum_{n=1}^{\infty}u_n(x)$$

它可以看成部分和数列的极限函数

$$S_n(x)\to S(x),(n\to\infty),x\in I.$$

定义 6.6 若部分和函数列$S_n(x)$在集合I上一致收敛于$S(x)$,即

$$Sn(x)\rightrightarrows S(n\to\infty)$$

则称级数$\sum\limits_{n=1}^{\infty}u_n(x)$在$I$上一致收敛于$S(x)$,或者称级数$\sum\limits_{n=1}^{\infty}u_n(x)$在$I$上一致收敛.

定义 6.7 若函数项级数$\sum\limits_{n=1}^{\infty}u_n(x)$在任意闭区间$[a,b]\subset I$上一致收敛,则称$\sum\limits_{n=1}^{\infty}u_n(x)$在$I$上内闭一致收敛.

我们用一个级数来说明这个定义,它的部分和可以计算出来。

例 6.13 考虑几何级数

$$\sum_{n=0}^{\infty}x^n=1+x+x^2+x^3+\cdots.$$

其部分和

$$S_n(x)=\sum_{k=0}^{n-1}x^k=\frac{1-x^n}{1-x}.$$

因此,当$|x|<1$时,

$$\lim_{n\to\infty}S_n(x)=\frac{1}{1-x},$$

意味着当$x\in(-1,1)$时,

$$S(x)=\sum_{n=0}^{\infty}x^n=\frac{1}{1-x}.$$

因为$\frac{1}{1-x}$在$(-1,1)$是无界的,因而原级数是不一致收敛的.

另一方面,级数在区间$[-\rho,\rho]$,$(0\leqslant\rho<1)$是一致收敛的,为说明这点,注意到当$|x|\leqslant\rho$时,

$$\left|S_n(x)-\frac{1}{1-x}\right|=\frac{|x|^{n+1}}{1-x}\leqslant\frac{\rho^{n+1}}{1-\rho}.$$

因为

$$\frac{\rho^{n+1}}{1-\rho}\to 0,(n\to\infty),$$

对任意的$\varepsilon>0$,存在依赖于ε与ρ的$N\in\mathbb{N}$,使得对任意的$n>N$

$$0\leqslant\frac{\rho^{n+1}}{1-\rho}<\varepsilon.$$

因此,对任意的$x\in[-\rho,\rho]$和所有的$n>N$,

$$\left|\sum_{k=0}^{n-1}x^k-\frac{1}{1-x}\right|<\varepsilon.$$

这说明级数在区间$[-\rho,\rho]$是一致收敛的.

定义 6.8　若对任意的$\varepsilon>0$,存在$N=N(\varepsilon)>0$,使得对一切$n>N$,及对任意的$x\in I$:

$$|S_n(x)-S(x)|=\left|\sum_{k=1}^{n}u_k(x)-S(x)\right|=\left|\sum_{k=n+1}^{\infty}u_k(x)\right|<\varepsilon$$

则称函数项级数$\sum_{n=1}^{\infty}u_n(x)$在$I$上一致收敛于函数$S(x)$.

6.3.2　一致收敛的判定准则

依据函数项级数一致收敛的定义,可以把函数列的一致收敛性判别法照搬到这里.

6.3.2.1　Cauchy 准则

定理 6.3　(柯西准则)函数项级数$\sum_{n=1}^{\infty}u_n(x)$在数集$I$上一致收敛的充要条件为:对任给的正数$\varepsilon$,总存在某正整数存在$N$,使得当$n>N$时,对一切$x\in I$和一切正整数$p$,都有

$$|S_{n+p}(x)-S_n(x)|<\varepsilon\text{ 或 }|u_{n+1}(x)+u_{n+2}(x)+\cdots+u_{n+p}(x)|<\varepsilon.$$

此定理中当$p=1$时,得到函数项级数一致收敛的一个必要条件.

推论 6.3　函数项级数$\sum_{n=1}^{\infty}u_n(x)$在数集$I$上一致收敛的必要条件是函数列$u_n(x)$在$I$上一致收敛于零.

例 6.14　讨论函数项级数

$$\sum_{n=1}^{\infty}2^n\sin\frac{x}{3^n}$$

在区间$(0,+\infty)$上的一致收敛性.

解:设

$$u_n(x)=2^n\sin\frac{x}{3^n},$$

取 $x_n=\frac{3^n\pi}{2}\in(0,+\infty)$,则

$$u_n(x_n)=2^n\not\to 0(n\to\infty),$$

这样,$u_n(x)$在$(0,\infty)$上非一致收敛到0,故原级数非一致收敛.

6.3.2.2　余项准则

设函数项级数 $\sum\limits_{n=0}^{\infty}u_n(x)$ 在 I 上的和函数为 $S(x)$,称 $R_n(x)=S(x)-S_n(x)$ 为函数项级数 $\sum\limits_{n=0}^{\infty}u_n(x)$ 的余项.

定理 6.4　(余项准则)函数项级数 $\sum\limits_{n=1}^{\infty}u_n(x)$ 在数集 I 上一致收敛于 $S(x)$ 的充要条件是

$$\lim_{n\to\infty}\sup_{x\in I}|R_n(x)|=\lim_{n\to\infty}\sup_{x\in I}|S(x)-S_n(x)|=0.$$

例 6.15　讨论函数项级数

$$\sum_{n=1}^{\infty}\frac{x^2}{(1+x^2)^{n-1}},(n\to\infty),x\in I$$

在如下区间 I 上的一致收敛性.

$$(1)I=(-\infty,+\infty);\qquad (2)I=\left[\frac{1}{10},10\right].$$

解:该级数是公比为$\frac{1}{1+x^2}$的等比级数,则部分和函数列为

$$S_n(x)=(1+x^2)\left(1-\frac{1}{(1+x^2)^n}\right).$$

(1)当 $x\in(-\infty,+\infty)$时,和函数

$$S(x)=\begin{cases}1+x^2, & x\neq 0,\\ 0, & x=0\end{cases}$$

当 $x\neq 0$ 时,由于

$$\sup_{x\neq 0}|S_n(x)-S(x)|=\sup_{x\neq 0}\frac{1}{(1+x^2)^{n-1}}=1\to 0(n\not\to\infty),$$

所以该级数在$(-\infty,+\infty)$上非一致收敛.

(2)当 $x\in\left[\frac{1}{10},10\right]$ 时,和函数 $S(x)=1+x^2$,由于

$$\sup_{x\in\left[\frac{1}{10},10\right]}|S_n(x)-S(x)|=\sup_{x\in\left[\frac{1}{10},10\right]}\frac{1}{(1+x^2)^{n-1}}=\frac{1}{\left(1+\frac{1}{100}\right)^{n-1}}\to 0(n\to\infty),$$

所以该级数在$\left[\frac{1}{10},10\right]$上一致收敛.

6.3.2.3　优级数判别法

命题 6.2　若级数 $\sum_{n=1}^{\infty} a_n(x)$ 与级数 $\sum_{n=1}^{\infty} b_n(x)$ 满足对任意的 $x \in I$ 和对充分大的 $n \in \mathbb{N}$，

$$|a_n(x)| \leqslant b_n(x)$$

则级数 $\sum_{n=1}^{\infty} b_n(x)$ 在 I 上的一致收敛性蕴含着级数 $\sum_{n=1}^{\infty} a_n(x)$ 在相同区间 I 上的绝对和一致收敛性.

证明：由题设及柯西收敛准则知，对任意的 $\varepsilon>0$，$\exists N\in\mathbb{N}_+$，$\forall n,m>N$，（不妨设 $n\leqslant m$），对任意 $x\in E$，$|b_n(x)+\cdots+b_m(x)|<\varepsilon$.

故 $|a_n(x)+\cdots+a_m(x)| \leqslant |a_n(x)|+\cdots+|a_m(x)| \leqslant b_n(x)+\cdots+b_m(x)= |b_n(x)+\cdots+b_m(x)| < \varepsilon$

因此，级数 $\sum_{n=1}^{\infty} a_n(x)$ 与 $\sum_{n=1}^{\infty} |a_m(x)|$ 一直收敛.

定理 6.5　（优级数判别法）若存在数列 $M_n>0$，使得对任意的 $n\in\mathbb{N}_+$ 和任意的 $x\in I$

$$\sup_{x\in E} |a_n(x)| \leqslant M_n$$

则级数 $\sum_{n=1}^{\infty} a_n(x)$ 在集合 E 上是绝对和一致收敛的.

证明：收敛的数项级数可以看成是集合 I 上的一系列常函数，根据柯西准则，这些常函数在 E 上一致收敛. 取 $b_n(x)=M_n$，则根据命题 6.2，结论成立.

注 6.5　优级数判别法也称为 Weistrass 判别法或 M-判别法.

例 6.16　函数项级数

$$\sum_{n=1}^{\infty} (1-x)^2 x^n$$

在[0,1]上一致收敛.

证明：记

$$u_n(x) = (1-x)^2 x^n,$$

则

$$u'_n(x) = -2(1-x)x^n + n(1-x)^2 x^{n-1}.$$

易知当 $x=\frac{n}{n+2}$ 时，$u_n(x)$ 取得最大值.

于是对任意的 n，

$$0 \leqslant u_n(x) \leqslant u_n\left(\frac{n}{n+2}\right) = \left(1-\frac{n}{n+2}\right)^2\left(\frac{n}{n+2}\right)^n \leqslant \frac{4}{(n+2)^2}, x\in[0,1],$$

而正项级数 $\sum \frac{4}{(n+2)^2}$ 收敛，由优级数判别法，$\sum (1-x)^2 x^4$ 在[0,1]上一致收敛.

例 6.17　设 $u_1(x)$ 在 $[a,b]$ 上可积，

$$u_{n+1}(x) = \int_a^t u_n(t)\,\mathrm{d}t, n=1,2,\cdots,$$

证明函数项级数 $\sum_{n=1}^{\infty} u_n(x)$ 在 $[a,b]$ 上一致收敛.

证明:由 $u(x)$ 在$[a,b]$上可积知,存在正数 M,使得

$$|u_1(x)| \leqslant M, x \in [a,b].$$

于是

$$|u_2(x)| \leqslant \int_a^x |u_1(t)| \mathrm{d}t \leqslant M(x-a);$$

$$|u_3(x)| \leqslant \int_a^x |u_2(t)| \mathrm{d}t \leqslant M\int_a^x (t-a)\mathrm{d}t = M\frac{(x-a)^2}{2!}$$

利用数学归纳法,若

$$|u_n(x)| \leqslant M\frac{(x-a)^{n-1}}{(n-1)!},$$

则

$$|u_{n+1}(x)| \leqslant \int_a^x |u_n(t)| \mathrm{d}t \leqslant M\int_a^x \frac{(t-a)^{n-1}}{(n-1)!}\mathrm{d}x = M\frac{(x-a)^n}{n!} \leqslant M\frac{(b-a)^n}{n!}$$

函数项级数 $\sum\limits_{n=1}^{\infty} \frac{(b-a)^n}{n!}$ 收敛,由魏尔斯特拉斯判别法, $\sum\limits_{n=1}^{\infty} u_n(x)$ 在$[a,b]$上一致收敛.

6.3.2.4 Abel-Dirichlet 判定准则

下面讨论定义在区间 I 上形如

$$\sum_{n=1}^{\infty} u_n(x)v_n(x) = u_1(x)v_1(x) + u_2(x)v_2(x) + \cdots + u_n(x)v_n(x) + \cdots$$

定义 6.9 如果存在数 $M \in R$,使得函数 $F(x) \in F$,

$$\sup_{x \in E} |F(x)| \leqslant M,$$

则称函数 $F(x)$ 在集合 E 上是一致有界的.

定理 6.6 (阿贝尔判别法)设 $\sum\limits_{n=1}^{\infty} u_n(x)$ 与 $\sum\limits_{n=1}^{\infty} v_n(x)$ 满足

(1) $\sum\limits_{n=1}^{\infty} u_n(x)$ 在区间 I 上一致收敛;

(2)对于每一个 $x \in I$, $\{v_n(x)\}$ 是单调的;

(3) $v_n(x)$ 在 I 上一致有界:

对一切 $x \in I$ 和正整数 n,存在正数 M,使得 $|v_n(x)| \leqslant M$,

则级数 $\sum\limits_{n=1}^{\infty} u_n(x)v_n(x)$ 在 I 上一致收敛.

定理 6.7 (狄利克雷判别法)设 $\sum\limits_{n=1}^{\infty} u_n(x)$ 与 $\sum\limits_{n=1}^{\infty} v_n(x)$ 满足

(1)部分和函数列 $U_n(x) = \sum\limits_{k=1}^{n} v_k(x), (n=1,2,\cdots)$ 在 I 上一致有界;

(2)对于每一个 $x \in I$, $v_n(x)$ 是单调的;

(3)在 I 上 $v_n(x) \rightrightarrows 0 (n\to\infty)$,

则级数 $\sum\limits_{n=1}^{\infty} u_n(x)v_n(x)$ 在 I 上一致收敛.

例 6.18　若数列 a_n 单调且收敛于零,则三角级数

$$\sum_{n=1}^{\infty} a_n \cos(nx),\ \sum_{n=1}^{\infty} a_n \sin(nx),$$

在$[\alpha,2\pi-\alpha](0<\alpha<\pi)$上一致收敛.

证明:令

$$u_n(x)=\cos nx, v_n(x)=a_n.$$

在$[\alpha,2\pi-\alpha]$上有

$$|u_n(x)|=\left|\sum_{k=1}^{n}\cos kx\right|\leqslant \frac{1}{2\left|\sin\frac{x}{2}\right|}+\frac{1}{2}\leqslant\frac{1}{2\sin\frac{\alpha}{2}}+\frac{1}{2},$$

所以级数 $\sum u_n(x)$ 的部分和函数列$\{u_n(x)\}$ 在$[\alpha,2\pi-\alpha]$ 上一致有界,故由狄利克雷判别法知$\sum\limits_{n=1}^{\infty} a_n\cos nx$ 在$[\alpha,2\pi-\alpha]$ 上一致收敛.

类似可以证明:函数项级数 $\sum\limits_{n=1}^{\infty} a_n\sin nx$ 在$[\alpha,2\pi-\alpha](0<\alpha<\pi)$ 上一致收敛,且在任何不包含 $2k\pi(k=0,\pm1,\pm2,\cdots)$的闭区间上都是一致收敛的.

例 6.19　若级数 $\sum\limits_{n=1}^{\infty} a_n$ 收敛,则级数

$$\sum_{n=1}^{\infty}\frac{a_n}{n^x}$$

在$[0,+\infty)$上一致收敛.

证明:(1)级数 $\sum\limits_{n=1}^{\infty} a_n$ 在$[0,+\infty)$ 上一致收敛.

(2)对每个 $x\in[0,+\infty)$,$\left\{\frac{1}{n}\right\}$是单调递减的,并且对任意 $x\in[0,+\infty)$及任意 $n\in N$,

$$\left|\frac{1}{n^x}\right|\leqslant 1.$$

由阿贝尔判别法知级数 $\sum\limits_{n=1}^{\infty}\frac{a_n}{n^x}$ 在$[0,+\infty)$上一致收敛.

例 6.20　(华中理工大学)证明:级数

$$\sum_{n=1}^{\infty}(-1)^n\frac{x^2+n}{n^2}$$

在任何有限区间上一致收敛,而在任何一点都不绝对收敛.

证明:(1)对任何有限区间 I,存在 $M_I>0$,使得对一切 $x\in I$. 有 $|x|\leqslant M_I$,

① $\sum\limits_{n=1}^{\infty}(-1)^n\frac{1}{n}$ 在 I 上一致收敛;

②对任意的 $x\in I$,$\frac{x^2+n}{n}=\frac{x^2}{n}+1$ 单调递减且 $\left|\frac{x^2+n}{n}\right|\leqslant M_I^{\,2}+1$,即是一致有界的.

由阿贝尔判别法知在任何有限区间 I 上,级数 $\sum\limits_{n=1}^{\infty}(-1)^n\frac{x^2+n}{n^2}$ 一致收敛.

(2) 对任意的 $x_0\in R$,

$$\sum_{n=1}^{\infty}\left|(-1)^n\frac{x_0^{\ 2}+n}{n^2}\right|=\sum_{n=1}^{\infty}\frac{x_0^{\ 2}}{n^2}+\sum_{n=1}^{\infty}\frac{1}{n},$$

由于 $\sum\limits_{n=1}^{\infty}\frac{x_0^{\ 2}}{n^2}$ 收敛, $\sum\limits_{n=1}^{\infty}\frac{1}{n}$ 发散, 故

$$\sum_{n=1}^{\infty}(-1)^n\frac{x^2+n}{n^2}$$

不绝对收敛.

习题

1. 证明下列结论.

(1) 设 $u_n(x)$ 在 $[a,b]$ 连续, 且 $\sum\limits_{n=1}^{\infty}u_n(x)$ 在 $x=b$ 发散. 证明: $\sum\limits_{n=1}^{\infty}u_n(x)$ 在 $[a,b)$ 非一致收敛.

(2) 设 $S_n(x)$ 在 $x=c$ 上左连续, 且 $\{S_n(c)\}$ 发散. 证明: 在任何开区间 $(c-\delta,c)$ $(\delta>0)$ 内 $\{S_n(x)\}$ 非一致收敛.

(3) 设每个 $u_n(x)$ 在 $x=c$ 连续, 但 $\sum\limits_{n=1}^{\infty}u_n(x)$ 在 $x=c$ 发散, 则 $\forall\delta>0$, $\sum\limits_{n=1}^{\infty}u_n(x)$ 在 $(c,c+\delta)$ 上均非一致收敛. 讨论

$$\sum_{n=1}^{\infty}\frac{1}{(\sin x+\cos x)^n}$$

在 $\left(0,\frac{\pi}{2}\right)$ 内是否一致收敛.

(4) 设 $u_n(x)$ 在 $(a,b]$ 上连续, $\sum\limits_{n=1}^{\infty}u_n(x)$ 在 (a,b) 上收敛, 根据 $\sum\limits_{n=1}^{\infty}u_n(b)$ 的敛散性, 讨论 $\sum\limits_{n=1}^{\infty}u_n(x)$ 在 (a,b) 上的一致敛散性.

(5) 设 $h_n(x)$ 在 $[a,b)$ 连续, 且 $f_n(x)\leqslant h_n(x)\leqslant g_n(x)$, $\forall x\in[a,b)$. 若级数 $\sum\limits_{n=1}^{\infty}f_n(x)$ 和 $\sum\limits_{n=1}^{\infty}g_n(x)$ 在 (a,b) 上收敛, 级数 $\sum\limits_{n=1}^{\infty}h_n(a)$ 发散, 证明:

① 级数 $\sum\limits_{n=1}^{\infty}h_n(x)$ 在 (a,b) 上收敛;

② 级数 $\sum\limits_{n=1}^{\infty}h_n(x)$ 在 (a,b) 上非一致收敛.

(6) 设 $u_n(x)$ 在 $[a,b]$ 上连续, $\sum\limits_{n=1}^{\infty}u_n(x)$ 在 (a,b) 上一致收敛, 证明: $\sum\limits_{n=1}^{\infty}u_n(a)$, $\sum\limits_{n=1}^{\infty}u_n(b)$ 收敛.

6.4　一致收敛性的性质

6.4.1　函数列的一致收敛性

定理 6.8　假设$f_n(x):I\to R$在区间I上对任意的$n\in N$是有界的且对任意的$x\in I$,$f_n(x)$一致收敛于$f(x)$,即$f_n(x)\rightrightarrows f(x)$,则$f(x):I\to R$在区间$I$上有界.

证明:取$\varepsilon=1$,存在$N\in\mathbb{N}$使得对任意的$x\in I$和$n>N$

$$|f_n(x)-f(x)|<1.$$

取$n>N$,则由于$f_n(x)$有界的,存在常数$M\geqslant 0$使得对任意的$x\in I$,

$$|f_n(x)|\leqslant M.$$

因此对任意的$x\in I$,

$$|f(x)|\leqslant|f(x)-f_n(x)|+|f_n(x)|<1+M.$$

即$f(x)$在区间I上是有界的.

定理 6.9　设函数列$f_n(x)$在$(a,x_0)\cup(x_0,b)$上一致收敛于$f(x)$且对每个n,

$$\lim_{x\to x_0}f_n(x)=a_n,$$

则$\lim\limits_{n\to\infty}a_n$和$\lim\limits_{x\to x_0}f(x)$均存在且相等.

注 6.6　这个定理指出:在一致收敛的条件下,$f_n(x)$中两个独立变量x与n,在分别求极限时其求极限的顺序可以交换,即

$$\lim_{x\to x_0}\lim_{n\to\infty}f_n(x)=\lim_{n\to\infty}\lim_{x\to x_0}f_n(x).$$

类似地,若$f_n(x)$在(a,b)上一致收敛且$\lim\limits_{x\to a^+}f_n(x)$存在,可推得

$$\lim_{x\to a^+}\lim_{n\to\infty}f_n(x)=\lim_{n\to\infty}\lim_{x\to a^+}f_n(x);$$

若$f_n(x)$在(a,b)上一致收敛和$\lim\limits_{x\to b^-}f_n(x)$存在,则可推得

$$\lim_{x\to b^-}\lim_{n\to\infty}f_n(x)=\lim_{n\to\infty}\lim_{x\to b^-}f_n(x).$$

定理 6.10　(连续性)若函数列$f_n(x)$在区间I上一致收敛,且每一项都连续,则其极限函数$f(x)$在I上也连续.

证明:设x_0为I上任一点. 由于$\lim\limits_{x\to x_0}f_n(x)=f_n(x_0)$,于是由定理 6.9 知,$\lim\limits_{x\to x_0}f(x)$亦存在且$\lim\limits_{x\to x_0}\lim\limits_{n\to\infty}f_n(x)=\lim\limits_{n\to\infty}\lim\limits_{x\to x_0}f_n(x)$. 故

$$\lim_{x\to x_0}f(x)=\lim_{n\to\infty}f_n(x_0)=f(x_0),$$

因此$f(x)$在x_0上连续.

注意到函数$f(x)$在x上连续仅与它在x的近旁的性质有关,因此由定理 6.10 可得以下推论.

推论 6.4　若连续函数列$f_n(x)$在区间I上内闭一致收敛于$f(x)$,则$f(x)$在I上连续.

定理 6.11　(可积性)若函数列$f_n(x)$在$[a,b]$上一致收敛,且每一项都连续,则

$$\int_a^b\lim_{n\to\infty}f_n(x)\,dx=\lim_{n\to\infty}\int_a^b f_n(x)\,dx.$$

证明：设$f(x)$为函数列$f_n(x)$在$[a,b]$上的极限函数. 由定理6.10，$f(x)$在$[a,b]$上连续，从而$f_n(x)$与$f(x)$在$[a,b]$上都可积. 因为在$[a,b]$上

$$f_n \rightrightarrows f(n \to \infty),$$

故对任给正数ε，存在N，当$n>N$时，对一切$x \in [a,b]$，都有

$$|f_n(x) - f(x)| < \varepsilon$$

再根据定积分的性质，当$n>N$时有

$$\left| \int_0^b f_n(x)\mathrm{d}x - \int_a^b f(x)\mathrm{d}x \right| = \left| \int_a^b (f_n(x) - f(x))\mathrm{d}x \right| \leqslant \int_a^b \left| f_n(x) - f(x) \right| \mathrm{d}x \leqslant \varepsilon(b-a).$$

这就证明了定理.

这个定理指出：在一致收敛的条件下，极限运算与积分运算的顺序可以交换.

定理6.12 （可微性）设$f_n(x)$为定义在$[a,b]$上的函数列，若$x_0 \in [a,b]$为$f_n(x)$的收敛点，$f_n(x)$的每一项在$[a,b]$上有连续的导数，且$f_n'(x)$在$[a,b]$上一致收敛，则

$$\frac{\mathrm{d}}{\mathrm{d}x}(\lim_{n\to\infty} f_n(x)) = \lim_{n\to\infty} \frac{\mathrm{d}}{\mathrm{d}x} f_n(x).$$

证明：设$f_n(x_0) \to A(n\to\infty)$，$f'_n(x) \to g(x)(n\to\infty)$，$x \in [a,b]$. 我们要证明函数列$f_n(x)$在区间$[a,b]$上收敛，且其极限函数的导数存在且等于$g(x)$.

由定理条件，对任意的$x \in [a,b]$，总有

$$f_n(x) = f_n(x_0) + \int_{x_0}^{x} f'_n(t)\mathrm{d}t.$$

当$n\to\infty$时，右边第一项极限为A，第二项极限为$\int_{x_0}^{x} g(t)\mathrm{d}t$，所以左边极限存在，记为$f(x)$，则有

$$f(x) = \lim_{n\to\infty} f_n(x) = f(x_0) + \int_{x_0}^{x} g(t)\mathrm{d}t$$

其中$f(x_0)=A$. 由$g(x)$的连续性及微积分学基本定理，推得$f'(x)=g(x)$. 这就证明了结论.

推论6.5 设函数列$f_n(x)$定义在区间I上，若$x_0 \in I$为$f_n(x)$的收敛点，且$f'_n(x)$在I上内闭一致收敛，则$f(x)$在I上可导，且$f'(x) = \lim\limits_{n\to\infty} f'_n(x)$.

6.4.2 函数项级数的一致收敛性

现在再来讨论定义在区间$[a,b]$上函数项级数

$$\sum_{n=1}^{\infty} u_n(x) = u_1(x) + u_2(x) + \cdots + u_n(x) + \cdots$$

的连续性、逐项求积与逐项求导的性质，这些性质可由函数列的相应性质推出.

定理6.13 （连续性）若函数项级数$\sum\limits_{n=1}^{\infty} u_n(x)$在区间$[a,b]$上一致收敛，且每一项都连续，则其和函数在$[a,b]$上也连续.

注6.7 这个定理指出：在一致收敛的条件下（无限项）求和运算与求极限运算可以交换顺序，即

$$\sum_{n=1}^{\infty} (\lim_{x\to x_0} u_n(x)) = \lim_{x\to x_0}\left(\sum_{n=1}^{\infty} u_n(x)\right).$$

定理 6.14　(逐项求积)若函数项级数 $\sum u_n(x)$ 在$[a,b]$上一致收敛,且每一项 $u_n(x)$ 都连续,则

$$\sum_{n=1}^{\infty}\int_a^b u_n(x)\,\mathrm{d}x=\int_a^b\sum_{n=1}^{\infty}u_n(x)\,\mathrm{d}x.$$

定理 6.15　(逐项求导)若函数项级数 $\sum_{n=1}^{\infty}u_n(x)$ 在$[a,b]$上每一项都有连续的导函数,$x_0\in[a,b]$ 为 $\sum_{n=1}^{\infty}u_n(x)$ 的收敛点,且 $\sum_{n=1}^{\infty}u'_n(x)$ 在$[a,b]$上一致收敛,则

$$\sum_{n=1}^{\infty}\left(\frac{\mathrm{d}}{\mathrm{d}x}u_n(x)\right)=\frac{\mathrm{d}}{\mathrm{d}x}\left(\sum_{n=1}^{\infty}u_n(x)\right).$$

上述定理表述,在一致收敛条件下,逐项求积或求导后求和等于求和后再求积或求导.

例 6.21　设

$$u_n(x)=\frac{1}{n^3}\ln(1+n^2x^2),n=1,2,\cdots.$$

证明函数项级数 $\sum_{n=1}^{\infty}u_n(x)$ 在$[0,1]$上一致收敛,并讨论其和函数在$[0,1]$上的连续性、可积性与可微性.

证明:对每一个 n,易见 $u_n(x)$ 为$[0,1]$上增函数,故有

$$u_n(x)\leqslant u_n(1)=\frac{1}{n^3}\ln(1+n^2),n=1,2,\cdots.$$

又当 $t\geqslant1$ 时,有不等式 $\ln(1+t^2)<t$,所以

$$u_n(x)\leqslant\frac{1}{n^3}\ln(1+n^2)<\frac{1}{n^3}\cdot n=\frac{1}{n^2},n=1,2,\cdots.$$

以收敛级数 $\sum\frac{1}{n^2}$ 为 $\sum_{n=1}^{\infty}u_n(x)$ 的优级数,推得 $\sum_{n=1}^{\infty}u_n(x)$ 在$[0,1]$上一致收敛.

由于每一个 $u_n(x)$ 在$[0,1]$上连续,根据定理 6.13 与定理 6.14,$\sum_{n=1}^{\infty}u_n(x)$ 的和函数 $S(x)$ 在$[0,1]$上连续且可积. 又由

$$u'_n(x)=\frac{2x}{n(1+n^2x^2)}\leqslant\frac{2nx}{n^2(1+n^2x^2)}=\frac{1}{n^2},n=1,2,\cdots,$$

即 $\sum\frac{1}{n^2}$ 也是 $\sum_{n=1}^{\infty}u'_n(x)$ 的优级数,故 $\sum_{n=1}^{\infty}u'_n(x)$ 也在$[0,1]$上一致收敛. 由定理 6.15,得 $S(x)$ 在$[0,1]$上可微.

例 6.22　证明函数

$$\zeta(x)=\sum_{n=1}^{\infty}\frac{1}{n^x}$$

在$(1,+\infty)$上有连续的各阶导函数.

证明:设 $u_n(x)=\frac{1}{n^x}$,则

$$u_n^{(k)}(x)=(-1)^k\frac{\ln^k n}{n^x},k=1,2,\cdots,$$

设$[a,b]\subset(1,+\infty)$,对任意$x\in[a,b]$,有

$$|u_n^{(k)}(x)|=\frac{\ln^k n}{n^x}\leqslant\frac{\ln^k n}{n^a},k=1,2,\cdots.$$

$$\frac{\ln^k n}{n^\alpha}=\frac{1}{n^{\frac{0+1}{2}}}\cdot\frac{\ln^k n}{n^{\frac{a-1}{2}}}<\frac{1}{n^{\frac{a+1}{2}}}$$

因为$\sum\limits_{n=1}^{\infty}\frac{1}{n^{\frac{a+1}{2}}}$收敛,所以$\sum\limits_{n=1}^{\infty}u_n^{(k)}(x)$在$[a,b]$上一致收敛,于是$\sum\limits_{n=1}^{\infty}u_n^{(k)}(x)$在$(1,+\infty)$上内闭一致收敛. 对$\sum\limits_{n=1}^{\infty}(-1)^k\frac{\ln^k n}{n^x}$用定理6.13和定理6.15,$\zeta(x)$在$(1,+\infty)$上有连续的各阶导函数,且

$$\zeta^{(k)}(x)=\sum_{n=1}^{\infty}(-1)^k\frac{\ln^k n}{n^x},k=1,2,\cdots.$$

习题

1. 设

$$S(x)=\sum_{n=1}^{\infty}\frac{x^{n-1}}{n^2},x\in[-1,1],$$

计算积分$\int_0^x S(t)\mathrm{d}t$.

2. 设

$$S(x)=\sum_{n=1}^{\infty}\frac{\cos nx}{n\cdot\sqrt{n}},x\in(-\infty,+\infty),$$

计算积分$\int_0^x S(t)\mathrm{d}t$.

3. 证明函数

$$f(x)=\sum_{n=1}^{\infty}\frac{\sin nx}{n^3}$$

在$(-\infty,+\infty)$上连续,且有连续的导函数.

4. 证明:定义在$[0,2\pi]$上的函数项级数$\sum\limits_{n=0}^{\infty}r^n\cos nx(0<r<1)$满足定理6.14条件,且

$$\int_0^{2\pi}\left(\sum_{n=0}^{\infty}r^n\cos nx\right)\mathrm{d}x=2\pi.$$

5. 证明下列函数项级数在指定区间上的一致收敛性.

(1)证明函数项级数

$$\sum_{n=1}^{\infty}(1-x)x^n$$

在$[0,1]$上处处收敛,在$[0,a](a<1)$上一致收敛,但在$[0,1]$上不一致收敛.

(2)证明函数项级数

$$\sum_{n=1}^{\infty}(-1)^n x^n(1-x)$$

在[0,1]上绝对收敛和一致收敛,但由其各项绝对值所组成的级数

$$\sum_{n=1}^{\infty}x^n(1-x)$$

在[0,1]上不一致收敛.

(3)证明函数项级数

$$\sum_{n=1}^{\infty}(-1)^n x(1-x)^n$$

在[0,1]上一致收敛.

(4)证明函数项级数

$$\sum_{n=1}^{\infty}x^n(1-x)^2$$

在[0,1]上一致收敛.

(5)证明:定义在[0,1]上的函数项级数

$$\sum_{n=1}^{\infty}x^n(1-x)^{\alpha},$$

当 $\alpha>1$ 时一致收敛,当 $\alpha=0$ 时均不一致收敛.

(6)证明:函数项级数

$$\sum_{n=1}^{\infty}(1-\cos x)\cos^n x$$

在 $x=0$ 的邻域 $U(0)$ 内不一致收敛.

6. 证明下列函数项级数在指定区间上一致收敛.

(1) $\sum\limits_{n=1}^{\infty}\dfrac{nx}{1+n^5x^2},x\in(-\infty,+\infty)$.

(2) $\sum\limits_{n=1}^{\infty}\arctan\dfrac{2x}{x^2+n^3},x\in(-\infty,+\infty)$.

(3) $\sum\limits_{n=1}^{\infty}\dfrac{\sin nx}{\sqrt[3]{x^4+n^4}},x\in(-\infty,+\infty)$.

(4) $\sum\limits_{n=1}^{\infty}\dfrac{x}{1+n^4x^2},x\in[0,+\infty)$.

(5) $\sum\limits_{n=1}^{\infty}(-1)^n\dfrac{\sin nx}{n^3},x\in(-\infty,+\infty)$.

7. 证明下列函数项级数在指定区间上一致收敛.

(1)求函数项级数

$$\sum_{n=1}^{\infty}\ln\left(1+\frac{2|x|}{x^2+n^3}\right)$$

的收敛域,并证明该级数在收敛域上是一致收敛的.

(2)证明:级数

$$\sum_{n=1}^{\infty}\ln\left(1+\frac{x}{n\ln^2 n}\right)$$

在$[-a,a]$上一致收敛$(0<a<2\ln^2 2)$.

(3)设$\alpha>\dfrac{1}{2}$为一个常数,$a_n\geqslant 0$,且级数$\sum\limits_{n=1}^{\infty}a_n$收敛,证明:

$$\sum_{n=1}^{\infty}\frac{\sqrt{a_n}\sin nx}{n^{\alpha}}$$

在$(-\infty,+\infty)$上一致收敛.

8. 证明或讨论下列函数项级数在指定区间上的一致收敛性.

(1)证明:级数

$$\sum_{n=1}^{\infty}[nxe^{-nx}-(n+1)xe^{-(n+1)x}]$$

在$[0,1]$内收敛,但在$[0,1]$上不一致收敛.

(2)讨论函数项级数

$$\sum_{n=1}^{\infty}[nxe^{-nx}-(n+1)xe^{-(n+1)x}]$$

在$(0,1)$和$(1,+\infty)$上的一致收敛性.

(3)证明:函数项级数

$$\sum_{n=1}^{\infty}\frac{x^n(1-x)}{\ln(n+1)}$$

在$[0,1]$上一致收敛.

9. 证明或讨论下列函数项级数在指定区间上的收敛性.

(1)证明函数项级数

$$\sum_{n=1}^{\infty}\frac{(-1)^n x^2}{(1+x^2)^n}$$

对$\forall x\in(-\infty,+\infty)$都绝对收敛,在$(-\infty,+\infty)$上一致收敛,但在$(-\infty,+\infty)$上非绝对一致收敛.

(2)证明函数项级数

$$\sum_{n=1}^{\infty}\frac{(-1)^n x^2}{(1+x^2)^n}$$

在$[-1,1]$上一致收敛,但

$$\sum_{n=1}^{\infty}\frac{x^2}{(1+x^2)^n}$$

在$[-1,1]$上非一致收敛.

(3)讨论函数项级数

$$\sum_{n=1}^{\infty}\frac{(-1)^n}{(1+x^2)^n}$$

在$(-\infty,+\infty)$上的收敛性和一致收敛性.

10. 证明或讨论下列函数项级数在指定区间上的敛散性.

(1)求级数

$$\sum_{n=1}^{\infty}x^{\alpha}e^{-nx}$$

在$[0,+\infty)$上的和函数$S(x)$,并讨论级数在$[0,+\infty)$上的一致收敛性,其中$\alpha>0$.

(2)证明函数项级数

$$\sum_{n=1}^{\infty} nx\mathrm{e}^{-nx}$$

在区间$(0,+\infty)$上不一致收敛,但

$$\sum_{n=1}^{\infty} nx\mathrm{e}^{-nx}$$

在$(0,+\infty)$上可逐项求导.

(3)证明函数项级数

$$\sum_{n=1}^{\infty} \frac{x\mathrm{e}^{-nx}}{n^{\alpha}}$$

在$[0,+\infty)$上一致收敛($\alpha>0$).

11. 证明下列结论.

(1)设函数项级数

$$\sum_{n=1}^{\infty} n^2\mathrm{e}^{-nx}$$

的和函数为$S(x)$,证明:级数

$$\sum_{n=1}^{\infty} n^2\mathrm{e}^{-nx}$$

在$(0,+\infty)$上不一致收敛,但和函数$S(x)$在$(0,+\infty)$上连续.

(2)证明:函数项级数

$$\sum_{n=1}^{\infty} \mathrm{e}^{-n^2x}$$

在$(0,+\infty)$上不一致收敛,但和函数在$(0,+\infty)$上任意阶可导.

①证明:函数项级数

$$\sum_{n=1}^{\infty} \frac{(-1)^{n-1}}{n+x^2}$$

在$(-\infty,+\infty)$上一致收敛. 但对$\forall x\in(-\infty,+\infty)$非绝对收敛.

②证明:函数项级数

$$\sum_{n=1}^{\infty} \frac{(-1)^{n-1}}{n+x^4}$$

关于x在$(-\infty,+\infty)$上一致收敛.

12. 函数项级数

$$\sum_{n=1}^{\infty} n\mathrm{e}^{-nx},$$

证明:

(1)在$(0,+\infty)$上收敛,但不一致收敛;

(2)求和函数

$$S(x)=\sum_{n=1}^{\infty} n\mathrm{e}^{-nx};$$

(3)和函数 $S(x)$ 在 $(0,+\infty)$ 上连续;

(4)和函数 $S(x)$ 在 $(0,+\infty)$ 上任意阶可导.

13. (1)证明函数项级数

$$\sum_{n=1}^{\infty} \frac{\sin x \sin nx}{\sqrt{x+n}}$$

在区间上 $[0,+\infty)$ 一致收敛.

(2)证明函数项级数

$$\sum_{n=1}^{\infty} (1-x) \frac{x^n}{1-x^{2n}} \sin nx$$

在区间 $\left(\frac{1}{2},1\right)$ 上一致收敛.

(3)证明函数项级数

$$\sum_{n=1}^{\infty} \frac{(-1)^n (n+x)^n}{n^{n+1}}$$

在区间 $[0,1]$ 上一致收敛.

(4)证明函数项级数

$$\sum_{n=1}^{\infty} \frac{(-1)^n \arctan nx}{x^2+n}$$

在区间 $(-\infty,+\infty)$ 上一致收敛.

14. 研究下列函数级数项的一致收敛性.

(1)研究级数

$$\sum_{n=1}^{\infty} \frac{n^2}{e^x}\left(x^n + \frac{1}{x^n}\right)$$

在区间 $\left[\frac{1}{2},2\right]$ 上的一致收敛性.

(2)研究级数

$$\sum_{n=1}^{\infty} \frac{n^2}{\sqrt{n!}}\left(x^n + \frac{1}{x^n}\right)$$

在区间 $\left[\frac{1}{2},2\right]$ 上的一致收敛性.

(3)证明函数项级数

$$\sum_{n=1}^{\infty} \frac{x^n}{1+x^n}$$

在 $(0,1)$ 上不一致收敛,但在 $[-\delta,\delta]$ $(0<\delta<1)$ 上一致收敛.

15. (1)讨论函数项级数

$$\sum_{n=1}^{\infty} \frac{\sin nx}{\sqrt{n}},$$

在区间 $x \in [\alpha,\pi]$ $(\alpha>0)$ 或 $x \in [0,\pi]$ 的一致收敛性;

(2)讨论函数项级数

$$\sum_{n=1}^{\infty}\frac{\sin nx}{\sqrt{n+x}},$$

在区间 $x\in[0,\pi]$ 的一致收敛性；

(3)讨论函数项级数

$$\sum_{n=1}^{\infty}\frac{\sin x\cos nx}{\sqrt{n}},$$

在区间 $x\in(-\infty,+\infty)$ 的一致收敛性；

(4)讨论函数项级数

$$\sum_{n=1}^{\infty}\frac{\sin x\sin nx}{\sqrt{n}},$$

在区间 $x\in(-\infty,+\infty)$ 的一致收敛性；

(5)讨论函数项级数

$$\sum_{n=1}^{\infty}\frac{(1-\cos x)\sin nx}{\sqrt{n+x}},$$

在区间 $x\in[0,2\pi]$ 的一致收敛性；

(6)讨论函数项级数

$$\sum_{n=1}^{\infty}\cos\frac{(2n+1)x}{2n(n+1)}\sin\frac{x}{2n(n+1)}$$

在区间 $[-l,l]$ 或 $(-\infty,+\infty)$ 的一致收敛性.

16. 证明下列命题.

(1)证明：

$$f(x)=\sum_{n=1}^{\infty}\frac{\sin nx}{n^2\sqrt[3]{n}}$$

在 $(-\infty,+\infty)$ 内连续且有连续的导函数.

(2)证明：

$$f(x)=\sum_{n=1}^{\infty}\frac{\cos nx}{n^3\sqrt{n}}$$

在 $(-\infty,+\infty)$ 内连续并有二阶连续的导函数.

(3)证明：

$$f(x)=\sum_{n=1}^{\infty}\frac{\sin nx}{n^3}$$

在 $(-\infty,+\infty)$ 内连续. 问 $f(x)$ 在 $(-\infty,+\infty)$ 内是否连续可导？

(4)证明：

$$f(x)=\sum_{n=1}^{\infty}\frac{\cos nx}{n^3}$$

在 $(-\infty,+\infty)$ 内连续，且有连续的导函数.

(5)证明：

$$f(x)=\sum_{n=1}^{\infty}\frac{\cos nx}{n^3+1}$$

在$(-\infty,+\infty)$内连续并有连续的导函数.

(6)设

$$f(x)=\sum_{n=1}^{\infty}\frac{1}{n\sqrt[2]{n}}\ln(1+nx),n=1,2,\cdots,$$

证明:$f(x)$在$[0,1]$连续且有连续的导函数.

17. 证明下列命题.

(1)求证:

$$f(x)=\sum_{n=1}^{\infty}\frac{\sin nx}{n^2}$$

在$\left[\frac{\pi}{3},\frac{5\pi}{3}\right]$上连续可微.

(2)证明:

$$f(x)=\sum_{n=1}^{\infty}\frac{\sin nx}{n^2+1}$$

在$(0,2\pi)$连续且有连续的导数.

(3)试证:

$$f(x)=\sum_{n=1}^{\infty}\frac{\cos nx}{n^2+1}$$

在$(0,2\pi)$上有连续导数.

(4)证明:函数项级数

$$\sum_{n=1}^{\infty}\frac{\sin nx}{n^x}$$

在$(0,+\infty)$内非一致收玫,但在$(0,+\infty)$内连续.

(5)证明:

$$f(x)=\sum_{n=1}^{\infty}\frac{1}{2^n}\tan\frac{x}{2^n}$$

在$\left[0,\frac{\pi}{2}\right]$连续,求$f(x)$的表达式,并计算$\int_{\frac{\pi}{6}}^{\frac{\pi}{2}}f(x)\mathrm{d}x$及$\sum_{n=1}^{\infty}\arctan\frac{1}{2n^2}$.

18. (1)证明:若级数$\sum_{n=1}^{\infty}a_n$收敛,则

$$\sum_{n=1}^{\infty}a_n\mathrm{e}^{-nx}$$

在$[0,+\infty)$上一致收敛.

(2)设$\lim_{n\to\infty}a_n=a$(有限)$(a\neq0)$,证明:

①对任意的$\delta>0$,级数

$$\sum_{n=1}^{\infty}a_n\mathrm{e}^{-nx}$$

在$(\delta,+\infty)$上一致收敛；

②级数

$$\sum_{n=1}^{\infty} a_n \mathrm{e}^{-nx}$$

在$(0,+\infty)$不一致收敛；

③函数

$$f(x)=\sum_{n=1}^{\infty} a_n \mathrm{e}^{-nx}$$

在$(0,+\infty)$上连续.

(3)设数列$\{a_n\}$有界，但不收敛，求证：

①对任意的$x>0$，级数

$$\sum_{n=1}^{\infty} a_n \mathrm{e}^{-nx}$$

收敛；

②对任意的$\delta>0$，级数

$$\sum_{n=1}^{\infty} a_n \mathrm{e}^{-nx}$$

在$[\delta,+\infty)$上一致收敛；

③级数

$$\sum_{n=1}^{\infty} a_n \mathrm{e}^{-nx}$$

在$(0,+\infty)$上不一致收敛.

(4)设

$$f(x)=\sum_{n=1}^{\infty} \frac{\mathrm{e}^{-nx}}{1+n^2},$$

证明：$f(x)$在$[0,+\infty)$连续，并且$f'(x)$在$(0,+\infty)$连续.

(5)设

$$f(x)=\sum_{n=1}^{\infty}(-1)^{n+1}\frac{\mathrm{e}^{-nx}}{n},$$

求$f(x)$的连续范围及可导范围.

参考文献

[1] 华东师范大学数学科学学院. 数学分析:上册[M]. 5 版. 北京:高等教育出版社,2019.
[2] 华东师范大学数学科学学院. 数学分析:下册[M]. 5 版. 北京:高等教育出版社,2019.
[3] 欧阳光中,朱学炎,金福临,等. 数学分析:上册[M]. 3 版. 北京:高等教育出版社,2007.
[4] 欧阳光中,朱学炎,金福临,等. 数学分析:下册[M]. 3 版. 北京:高等教育出版社,2007.
[5] 刘玉琏,傅沛仁,刘伟,等. 数学分析讲义:上册[M]. 6 版. 北京:高等教育出版社,2019.
[6] 刘玉琏,傅沛仁,刘伟,等. 数学分析讲义:下册[M]. 6 版. 北京:高等教育出版社,2019.
[7] 谢惠民,恽自求,易法槐,等. 数学分析习题课讲义[M]. 北京:高等教育出版社,2003.
[8] 方企勤. 数学分析:第三册[M]. 上海:上海科学技术出版社,2002.
[9] 徐森林,金亚东,薛春华. 数学分析:第三册[M]. 北京:清华大学出版社,2007.
[10] 费定晖,周学圣. Б. Д. 吉米多维奇数学分析习题集题解 [M]. 2 版. 济南:山东科学技术出版社,1999.
[11] LIEBECK M W. A concise introduction to pure mathematics [M]. 4th ed. Florida: CRC Press, 2015.
[12] ROSS K A. Elementary analysis: the theory of calculus [M]. 3nd ed. Berlin: Springer Press, 2013.